智慧冷暖　健康生活 100 问

上海市制冷学会　编著

黄永华　章学来　张　旭　主编

本书由上海市科委科普项目（编号：23DZ2301700）资助

上海浦江教育出版社

图书在版编目（CIP）数据

智慧冷暖：健康生活 100 问 / 上海市制冷学会编著；
黄永华 , 章学来 , 张旭主编 . — 上海：上海浦江教育
出版社有限公司 , 2024.5
　　ISBN 978-7-81121-871-8

　　Ⅰ . ①智⋯　Ⅱ . ①上⋯　②黄⋯　③章⋯　④张⋯
Ⅲ . ①制冷技术—问题解答　Ⅳ . ① TB66-44

中国国家版本馆 CIP 数据核字（2024）第 093510 号

ZHIHUI LENGNUAN　JIANKANG SHENGHUO 100 WEN
智慧冷暖　健康生活 100 问

上海浦江教育出版社出版发行

社址：上海市海港大道 1550 号　邮政编码：201306
电话：（021）38284910（12）（发行）　38284923（总编室）　38284910（传真）
E-mail：cbs@shmtu.edu.cn　URL：http://www.pujiangpress.com
上海商务联西印刷有限公司印装
幅面尺寸：155 mm×230 mm　印张：8　字数：111 千字
2024 年 5 月第 1 版　2024 年 5 月第 1 次印刷
策划编辑：于　杰　责任编辑：徐江梅　封面设计：曾国铭
定价：39.00 元

前言
PREFACE

目前制冷空调技术已深入人们生活和生产的方方面面，从家庭住宅到商业大厦，从工业生产到医疗设备，为人类创造了舒适的生活环境，为工业生产和食品安全提供了必要的技术保障。但是，制冷空调装置的工作原理和应用范围对于大多数人来说是一个神秘而充满魅力的领域。

为了进一步做好制冷空调技术的科普工作，在上海市科学技术协会的指导下，上海市制冷学会联合上海冷冻空调行业协会、上海冷链协会、上海市冷冻食品行业协会等，从2004年开始已成功举办了十届以"上海制冷节"命名的系列科普活动，已形成广泛的群众基础和较高知名度。上海市制冷学会曾连续荣获"全国科普日活动优秀组织单位"和"全国科普日优秀活动"等奖项。为了扩大科普宣传的效果，上海市制冷学会再次组织编写了制冷空调技术科普读物并得到上海市科委科普项目的资助。

本书由上海市制冷学会科普工作委员会牵头，组织各专业委员会的专家编写，将大众关心的制冷相关科普知识以100个问答的形式呈现，从低温制冷、冷藏冷冻、冷藏运输、空调热泵、低温生物与医学、换热器等6个方面进行了分类阐述，向大众普及制冷空调相关知识和节能减碳的理念，这也是本学会倡导"双碳目标、制冷优先"的举措之一。

本书的主旨是引导读者了解制冷空调技术及其应用，内容涵盖制冷空调的基本原理，以及制冷剂、压缩机、冷凝器和蒸发器等重要组成的作用等；家用冰箱和空调使用注意事项以及新产品新技术；冷藏保鲜的原理、常见冷藏设备、冷链物流等；在低温生物医疗技术方面，涉及冷冻保存技术、低温手术以及冷冻治疗等。本书图文并茂、通俗易懂，希望制冷空调行业的从业者和对制冷空调技术感兴趣的读者都能从中受益。

最后，感谢所有为本书编写付出辛勤努力的作者和编辑，他们的专业知识和敬业精神使得这本书能够成为一本高质量的科普读物，我们也希望广大读者能够喜欢这本书，从中获得知识和乐趣。

感谢阚安康先生提供大量插图，感谢上海市制冷学会办公室成员贾晶、张婷婷、谈筠承担收集、整理资料等大量前期工作。

让我们为宣传"智慧冷暖，健康生活"的科普知识，为实现国家"双碳"目标共同努力！

上海市制冷学会

理事长：张　旭

秘书长：黄永华

目录 CONTENTS

 一 低温制冷篇

二 冷藏冷冻篇

三 冷藏运输篇

四 空调热泵篇

五　低温生物与医学篇

六 换热器篇

ONE

一 低温制冷篇

1 / 低温与普通制冷如何划分?

一般将 120 K（−153.15 ℃）定义为普通制冷和低温的分界线。

"低温"是指低于 120 K 的温度区间；在 120 K 与室温之间的温度范围属于"普通制冷"。所以两者的区别在于其温度区间的不同，因为温区不同，达到该温区所要求的制冷剂也不同。

在 120 K 以上的"普通制冷"区间，有许多被大众所熟知的应用，如空调、食品冷冻冷藏与冷链配送等；而 120 K 以下的"低温"区间主要应用于一些高精尖技术领域，如空气分离、低温超导、空间应用和量子计算等。

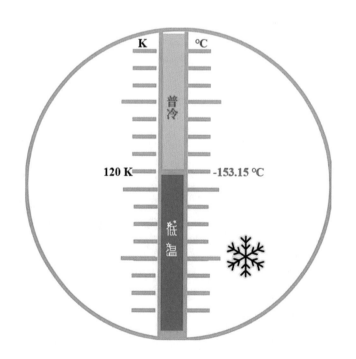

什么是绝对零度？

　　温度是表示物体冷热程度的物理量，反映的是构成物质的粒子的平均动能，在微观上则表现为粒子热运动的剧烈程度。当物质的温度不断降低时，物质粒子的平均动能将逐渐趋近于 0，粒子热运动速率也逐渐趋近于 0，这个温度被称为绝对零度。开尔文利用理想气体平均动能方程计算得出，当气体的平均动能为 0 时，其对应的温度为 $T=0$ K$=-273.15$ ℃。我们通常认为的绝对零度就是这个值。

　　由于物质粒子的平均动能不可能小于 0，因此绝对零度被称为温度的最低点。事实上，在目前理论框架下，绝对零度是不可能达到的，这是由于物质粒子的动能必然大于 0，即物质粒子不可能完全停止运动。根据不确定性原理，一个粒子的位置和动量不能被同时测定，如果物质粒子停止运动，它的位置和动量便可以被同时确定，而这违反了上述定理，因此绝对零度是不可能达到的。

3 / 什么是超流体？

超流体是流体的一种特殊的物质状态，其与正常状态下的流体相比，具有一系列极不寻常的性质。在这种状态下，流体的黏性消失，因此在移动时不受摩擦作用，不会存在能量的耗散。例如把超流体以一定速度导入环状容器中，由于没有摩擦作用，其可以在容器内永远流动。此外，超流体还能超常导热（超流氦的热导率约为常温下铜热导率的5 000倍）。在目前的理论中，超流现象是量子效应的宏观体现。随着温度的降低，粒子的量子效应更加显著，因此会在低温条件下表现出超流动行为。以氦−4同位素为例，存在一个特定的转化温度（约为2.17 K），在这个温度以下，其表现出超流动行为。

超流体在流动上也表现出奇特的性质：例如当一端开口的空腔容器底部插入超流液氦池中，约50~100个原子厚度的液膜将会沿容器外壁，越过容器顶部，并沿内壁向下爬行，直至容器内外液面水平相同；若将容器拔出，液膜将向相反方向爬行，直至管内外液面相等，即使容器全部脱离液面，液体也会爬出，沿着外壁下爬至容器底部，这便是液氦的爬行膜效应。

4 超导磁悬浮列车与高铁相比有什么优势？

超导磁悬浮列车是一种利用磁悬浮技术和超导技术相结合的先进交通工具。与传统的高铁相比，它具有更高的运行速度、更平稳舒适的乘车体验、更低的能耗、更环保及更高的安全性。

首先，超导磁悬浮列车的最大优势是速度很快。由于磁悬浮技术实现了列车与轨道之间的非接触，避免了传统高铁与轨道摩擦带来的能量损耗。目前，中国在宜宾至成都的磁悬浮列车试验线上的速度取得了 600 km/h 的突破，而传统高铁的设计速度一般为 300 km/h 左右。

其次，超导磁悬浮列车的运行更加平稳舒适。超导磁悬浮列车在悬浮状态下，几乎没有震动和噪声，乘坐时感觉如同飘浮在空中一般，舒适感大大提高。

再次，超导磁悬浮列车能耗更低、更环保。它采用超导技术实现悬浮和推进，超导材料可以实现零电阻，无须大量的电力来推动列车的运行。此外，由于不产生摩擦和尾气，超导磁悬浮列车更环保。

随着技术的不断发展，相信超导磁悬浮列车将会在未来的交通领域发挥重要作用，为人们带来更加便捷高效的出行体验。

为什么医院里的核磁共振能产生强磁场？

磁共振成像（MRI）是一种常用的医学诊断工具，它可以产生强大的磁场并获取人体内部的详细影像。MRI的强大磁场是由超导磁体的设备产生的，而不是传统的磁铁。

超导磁体使用超导材料来产生和维持强大的磁场。超导材料在极低温度下（通常是液氮温度）能够表现出超导性，其可将电流通过线圈产生强磁场，而无须消耗过多的能量。

超导磁体内部一般填充液氦或液氮，以维持低温状态。当超导磁体通电时，液氦或液氮的低温将超导线圈中的电流变成了一个持久的电流环，从而维持强大的磁场。这种冷却系统和超导电磁体的结合使得MRI设备可以产生所需的强磁场。

此外，超导线圈内的电流环相互抵消了不均匀的磁场，可以得到高质量的成像结果。超导磁体稳定性较高且能耗较低，使得MRI设备能够长时间稳定地工作而不会过热或损坏。

总体而言，医院诊断用的MRI设备利用超导磁体产生和维持强大的电磁场。这种技术带来了许多优势，使得MRI成为一种重要的医学成像工具。

一

低温制冷篇

6 什么是液化天然气？如何获得和储运？

天然气是指蕴藏在地层内的可燃性气体，主要是低分子烷烃的混合物。液化天然气（LNG）是天然气的液态形式，主要成分是甲烷，被公认是地球上最干净的化石能源，其无色、无味、无毒且无腐蚀性，体积约为同量气态天然气的1/625，燃烧后放出的热量大，且对空气污染小。

天然气液化是一个低温过程，原料气经过脱酸和脱水等净化处理后，通过换热将温度降低至 −162 ℃ 左右成为液化天然气。液化天然气的液化流程包括级联式液化流程、混合制冷剂液化流程及带膨胀机的液化流程。

液化天然气储存需要使用特殊的容器，如 LNG 船、LNG 储罐等，同时需要具备一定的储存条件，如储存温度、储存压力等。常压下液态储存需要维持在 −162 ℃ 以下。储存压力根据场景不同，从常压到几十个大气压不等。比如 LNG 加气站储罐设计压力为1.6 MPa，操作压力为1.2 MPa；LNG 储罐实际正常的工作压力在0.4~1.0 MPa 之间。目前 LNG 主要依靠专用的大型运输船从海上运输，然后再从接驳港口或接收站通过槽罐车公路运输，或者通过绝热管道进行近距离输送。

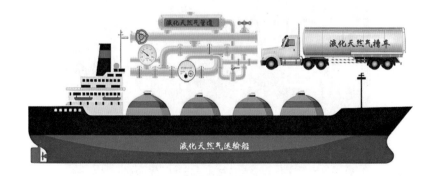

7/空间站使用的航天冰箱有什么特点？

家用冰箱是人们日常生活常见的保持恒定低温的一种制冷设备。一般而言，冰箱的冷藏室温度在 0~10 ℃，冷冻室温度在 -18 ℃左右。家用冰箱的摆放位置基本不变，不用过多考虑环境变化的影响。家用冰箱的工作原理是蒸气压缩制冷循环，包含压缩机、冷凝器、节流装置和蒸发器四大件。新一代冰箱制冷工质一般采用异丁烷（R600a）。

天宫空间站中的航天冰箱也是保持恒定低温的制冷设备，要求箱体内部温度为 -80 ℃。由于其在空间站里面使用，所以对冰箱的质量、耗电量、振动、噪声、微重力运行等指标都有特殊要求。考虑到太空微重力运行环境，冰箱制冷系统内要求不含制冷剂液体和润滑油。目前空间站航天冰箱采用斯特林制冷机提供冷源，工作原理是斯特林制冷循环，制冷系统内部无液体和润滑油，工作气体是氦气。

低温制冷篇

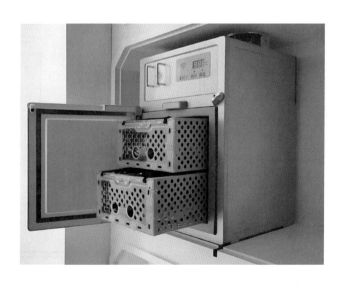

8 工业制氧是如何从空气中获取高纯氧气的?

工业制氧通常采用低温空分方法，主要通过空气液化、分馏和精馏的过程来实现从空气中获取高纯氧气。具体步骤如下：①空气压缩。空气通过压缩机进行压缩，使其压力提高到一定水平。②空气预冷。压缩后的空气通过预冷器进行冷却，以降低空气的温度。③空气净化。采用吸附剂净化处理压缩空气中的水分、二氧化碳等杂质。④空气液化。净化后的空气进入换热器，空气的温度降低至接近沸点后，进入液化装置，通过节流阀进行减压降温，使空气液化。⑤分馏塔分离。液化后的空气进入分馏塔，利用氮气和氧气在沸点上的差异进行分离。⑥精馏。分离出的氮气和氧气分别进入各自的精馏塔，通过进一步的热交换和回流，提高氮气和氧气的纯度。⑦氧气储存和输送。高纯度的氧气从精馏塔中被提取出来，储存在氧气储罐中。需要使用时，氧气通过管道输送到使用地点。

低温空分制氧成本低，技术成熟，适合大规模生产，这种方法被广泛应用于钢铁、化工、医疗等行业。

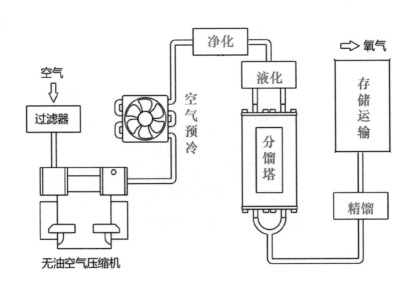

9／为何卫星"照相机"的芯片需在低温下工作?

卫星是太空中的小飞行器,有些卫星上有像照相机一样的东西,用来给地球上的事物拍照。这个"照相机"里有一个很重要的芯片,就像人的大脑一样。为了使芯片高效工作,通常要使其处于 -270~-100 ℃。只有这样,才能够在太空中拍到清晰、漂亮的照片!

著名的詹姆斯·韦伯空间望远镜主要由 4 个探测仪器构成:近红外照相机、近红外光谱仪、中红外设备、近红外成像器与无缝光谱仪。

它们各自都需要不同温度的低温环境,其主要原因如下:

(1)热噪声减小:低温可降低元件的热噪声,降低热噪声有助于提高图像的质量和灵敏度。

(2)减小暗电流:低温可减小半导体器件的暗电流,减小暗电流有助于提高"照相机"图像传感器的信噪比。

(3)增强信号稳定性:宇宙空间温度变化极端,温度的变化可能导致器件特性的漂移,低温环境有助于提高器件的稳定性。

(4)提高灵敏度:通过大幅度降低温度,可以提高相机对红外辐射等低能量信号的灵敏度。

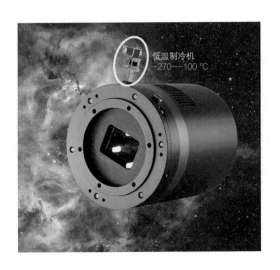

低温制冷机
-270~-100 ℃

10 / 液氢在交通运输和新能源应用中有何优势？

液氢是一种清洁、高效、可再生的能源，其能量密度是汽油的 3 倍以上，是天然气的 2 倍以上，可以在相同的体积下存储更多的能量。由于氢气可以通过电解水等方式制备，且燃烧后只产生水，不会产生二氧化碳、氮氧化物等有害气体，因此它被认为是一种非常环保的可再生能源。

液氢凭借储氢密度大、能量密度高等优点，在交通运输领域具有广阔的应用前景，如液氢重卡的推广应用正逐渐起势，可覆盖 90% 干线场景动力需求，整车能耗降低 5%、百公里氢耗低于 7 kg，可支撑 1 200 km 超长续航。

此外，在"碳中和"目标下，液氢作为氢能利用的中间储运环节解决方案，还可以作为储能媒介，应用于电力、供热等领域。未来随着液氢制备和储运技术的不断提高，其应用场景将不断扩展，为人类社会的可持续发展提供更多的支持。

11／航天中获取低温方式与地面有何区别?

在航天中获取低温需要充分考虑某些特殊条件,确保航天器相关仪器能够在极端环境中可靠运行。与地面不同,太空没有大气,热量传递的方式不同,所以要用特殊的方法保持低温。太空中存在强烈的太阳辐射,在航天器设计中通常需要考虑隔离太阳辐射的措施,以维持稳定的温度。

航天中获取低温的主要方式有:

(1)辐射冷却:太空中的温度非常低(约 −270 ℃),航天器通过辐射把热量散发到太空中,就像我们感觉到太阳光一样。还可以通过制定辐射制冷器的方式,实现 −100 ℃以下的低温,用于航天器件或者光学镜体的冷却。

(2)机械制冷:在航天中采用小型机械制冷设备对探测器、芯片等核心器件进行供冷。一般根据制冷温区的不同,分为斯特林制冷、脉管制冷、节能制冷、吸附制冷、稀释制冷和磁制冷等。

(3)超级冷冻液体:在太空中,可以利用一些特殊的液体,比如液氦(约 −269 ℃)来帮助保持低温环境。这种方式由于附加体积和质量巨大且不可再生,正逐渐被机械制冷替代。

12 超导体分几类？各自有哪些应用场景？

超导体是指在一定温度和磁场条件下（一般为较低温度和较小磁场）电阻会降为 0，同时能表现出完全抗磁性状态的物体。通常把临界温度低于 40 K 的超导体称为低温超导体，高于 40 K 的称为高温超导体，而把接近 300 K 的称为室温超导体。目前应用的超导体基本都是低温超导体和高温超导体。

低温、高温、室温超导体目前主要应用场景：

（1）低温超导体：主要基于 NbTi 和 Nb_3Sn 材料实现规模商业化，在生物磁自旋成像技术（MRI），高质量大尺寸单晶硅制备技术（MCZ），物质磁学式分析仪器（NMR），约束氘、氚高温等离子的聚变反应（ITER），加速器（小激磁功率下产生约束磁场以缩减加速器尺寸）等领域有较多应用。

（2）高温超导体：基于铜基超导体，在电力与通信、磁悬浮交通、高端医疗设备、军事装备、高温超导感应加热技术等领域开始探索产业化应用。

（3）室温超导体：仍停留在实验室阶段，且往往需要在超高压下才可实现，目前也多有争议。若真能实现，必将在所有电和磁的领域产生革命性的应用，全面改变人类社会。

13 / 超导量子计算为什么需极低温？

　　超导量子计算需要极低温环境，主要源于超导体的独特电子行为，这种行为要求将超导体冷却到接近绝对零度（-273.15 ℃）的温度范围。此时超导体内部电子之间的相互作用与晶格振动耦合。晶格振动会减弱到足够小的程度，以至于不再与电子相互作用，这使得电子能够以无阻力的方式流动，形成超导电流。

　　能够实现接近绝对零度的极低温方式通常包括减压蒸发制冷、绝热去磁制冷和稀释制冷等，其中：蒸发制冷可以利用氦-4和氦-3作为制冷介质，获得最低温度分别约为 700 mK 和 230 mK；绝热去磁制冷是利用材料的磁热效应实现制冷的一种固态制冷方法，通过对顺磁盐进行绝热去磁，将温度降低至 mK 级；稀释制冷是利用超流态氦-4与氦-3的混合溶液在极低温下的相分离效应，通过减少稀相中的氦-3原子，使得浓相中的氦-3原子不断通过相界面溶解到稀相中产生熵增，从而连续、稳定地实现接近绝对零度的低温制冷方案，是超导量子计算所需低温的主要获取方式。

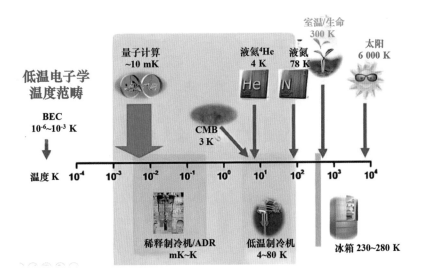

TWO

二

冷藏冷冻篇

14 什么是制冷？

制冷是指用人工的方法在一定时间和一定空间内将某物体或流体冷却，使其温度降到环境温度以下，并保持这个低温。这个"低温"是相对于环境温度而言的。制冷是从物体或流体中取出热量，并将热量排放到环境介质中去，以产生低于环境温度的过程。

真正意义上的制冷技术是随着工业革命发展起来的。1755 年，爱丁堡的化学教授库仑利用乙醚蒸发使水结冰。他的学生布莱克从本质上解释了熔化和气化现象，提出了潜热的概念，标志着现代制冷技术的开始。

现代制冷技术有：相变制冷，也叫液体气化制冷；热电制冷，也叫温差电制冷、半导体制冷；涡流管制冷，高压气体流经涡流管产生涡流运动，膨胀后分离成冷、热两股气流，利用冷气流从被冷却对象吸取热量的方法；气体膨胀制冷，高压气体绝热膨胀时，气体的温度降低，利用这一方法可以获得较低的温度；磁制冷是利用磁热效应的制冷方式。还有气体绝热放气制冷和电化学制冷等制冷技术。

15 冷库是如何冷下来的?

冷库是制冷设备的一种。冷库是指通过人工手段,创造与室外温度或湿度不同的环境,用于食品(乳制品、肉类、水产、禽类、果蔬、饮料等)、花卉、绿植、茶叶、药品、烟草、酒精饮料等半成品及成品的恒温恒湿冷藏设备。冷库通常位于运输港口或原产地附近。与冰箱相比,冷库的制冷面积更大,两者有共同的制冷原理。

一般冷库多由制冷机制冷,利用气化温度很低的液体(氨或氟利昂)作为制冷剂,使其在低压和机械控制的条件下蒸发,吸收贮藏库内的热量,从而达到冷却降温的目的。最常用的是压缩式冷藏机,主要由压缩机、冷凝器、节流阀和蒸发器等组成。按照蒸发器装置的方式又可分直接冷却和间接冷却两种:直接冷却是将蒸发器安装在冷藏库房内,液态制冷剂经过蒸发器时,直接吸收库房内的热量而降温;间接冷却是由鼓风机将库房内的空气抽吸进空气冷却装置,空气通过冷却装置内的蒸发器吸热后,再送入库内而降温。

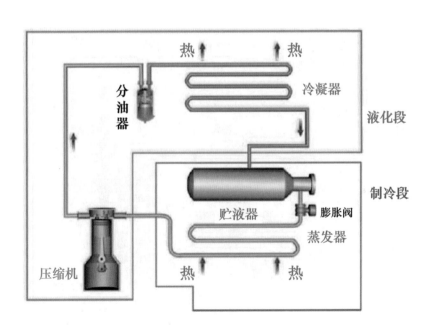

16 食品冷藏链的食品品质指标有哪些?

易腐食品从生产、贮藏、运输、销售到消费前的各个环节,需始终处于规定的低温环境下,以保证食品质量、减少食品损耗。食品冷藏链是以冷冻工艺学为基础,以制冷技术为手段,将食品保持在低温条件下的物流过程。

对于食品冷藏链的实现条件及基本要求,1958年美国人阿萨德提出了证明冷冻食品品质的3T概念,即著名的"TTT":时间(Time)、温度(Temperature)、容许变质量(或耐藏性)(Tolerance)理论。后来又补充了3P、3C、3Q和3M。3P,即农产品原料的品质(Produce)、处理工艺(Processing)、货物包装(Package);3C,即在整个加工与流通过程中,对农产品的爱护(Care),保持清洁卫生(Clean)的条件,以及低温(Cool)的环境;3Q,即冷链中设备的数量(Quantity)协调、设备的质量(Quality)标准的一致,以及快速的(Quick)作业组织;3M,即保鲜工具与手段(Means)、保鲜方法(Methods)和管理措施(Management)。这些条件都是低温食品加工及流通环节必须遵循的技术理论依据。

17/ 冷却食品和冻结食品哪个好?

冷冻食品包括冻结食品和冷却食品,泛指经过低温处理的食品。冷冻食品易保藏,广泛用于肉、禽、水产、乳、蛋、蔬菜和水果等易腐食品的生产、运输和贮藏,具有营养、方便、卫生、经济等优点,市场需求量大。冷冻食品按照原料及消费形式分为果蔬、水产、肉禽蛋、米面制品、调理方便食品这五大类。

冻结食品是将食品温度降低到中心温度 −15 ℃,并在不高于 −18 ℃温度下保藏的食品。冻结食品生产过程中,冰晶的产生(冻结过程)、冰晶的融化(解冻过程)都需要消耗电力和水等。

冷却食品是将食品的温度降到接近该食品的冰点,并在此温度下保藏的食品。冷却食品生产、保藏过程中,温度始终高于食品的冰点,没有冰晶产生,这就避免了冰晶对食品组织结构的破坏,也不需要解冻环节。与冻结食品相比,品质自然要好一些。

所以,有鲜活的食品,不食用加工的;有冷却的食品,不食用冻结的。

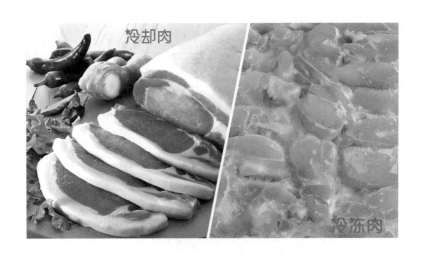

18 如何利用家用冰箱鉴别掺假花生油?

食用油脂分为植物油脂和动物油脂。我国目前食用植物油分为4个等级，即二级油、一级油、高级烹调油、色拉油。普通芝麻油（香油）、花生油、大豆油、菜籽油、葵花籽油属于二级油和一级油；高级烹调油和色拉油属于高级食用油。

食用油可分为优质食用油和劣质食用油。优质食用油：水分含量和杂质含量分别不得超过 0.2%~0.3%，油质清澈透明，具有固有的气味和滋味，无异味。

劣质食用油：用一个无色透明玻璃杯取少量油脂，放在散射光线下观察，色泽深暗、欠清亮、不透明、混浊甚至有悬浮物。加热后有酸、苦甚至霉味，食之有麻舌头、辣嗓子感觉。

如何识别花生油中是否掺有棕榈油呢？一是棕榈油熔点较高，一般在 18~22 ℃，低于这个温度时，棕榈油就会从液态凝结成固态，而正常的花生油的熔点一般在 3~5 ℃。所以，利用家用冰箱将油的温度降低，在气温降至 18 ℃左右就出现凝固现象，而且凝结成白色结块，有的呈片状或悬浮在油体中或紧贴在油桶壁上，有的则凝结成一整块，倒也倒不出来，就表明花生油中被掺入了棕榈油。

19 如何选购速冻食品？

（1）看品牌：首选大品牌的速冻食品，大品牌企业执行相关标准，原辅料控制、生产及运输条件较为规范，只有做到生产和流通领域的规范化，才能做到入口安全化。

（2）看包装：挑选包装密封完好、标签完整的产品，根据《食品安全国家标准 预包装食品标签通则》（GB 7718—2011）的规定，标签应标示产品名称、生产企业和地址、生产日期和保质期、配料表、营养成分表、保存条件等内容，消费者可通过对比标签上的内容，选择离生产日期较近、食物成分明确的速冻食品。需要指出的是，包装内部霜越少越好、霜颗粒越细越好。霜少、霜颗粒细，说明冻结食品经历的温度回升次数少、温度回升的幅度小。

（3）看储藏温度：速冻食品的储存温度一般要求为 -20 ~ -18 ℃。如果销售商店无冷冻柜或冷冻柜的冷冻温度达不到 -18 ℃，则产品质量得不到保证，不宜购买。

（4）看食品状态：速冻食品一般会比非速冻食品稍微硬一些，但如果摸上去太硬，则可能是冷冻时间过长；速冻食品在生产和运输储备过程中，反复冷冻和解冻的过程中会产生冰霜和冰块，明显降低产品品质和口感。因此应该挑选硬度相对适中、不变形、无破损、表面无霜和无冰块的速冻食品。

20 / 家用冰箱功能室的用途和特点有哪些？

冰箱常见的功能室可分为冷藏室、冷冻室和冰温保鲜室三类。

（1）冷藏室：0~10 ℃，具有冷却、冷藏两种功能。

冷却：将食品的温度由常温（20 ℃左右）降低到接近冰点但不高于冰点的过程。

冷藏：将冷却好的食品保存在低温下的一种方法。

（2）冷冻室：低于 −18 ℃，可以较长时间保存食物，例如各种肉类、速冻食品。冷冻室温度越低，食物保存时间越长，食物的维生素流失也会相应减缓。

冻结：将食品的温度由常温（20 ℃左右）降低到其中心温度低于 −15 ℃的过程。需要快速降温时，可开启速冻模式，而速冻时间与食品量有关。

（3）冰温保鲜室：新的功能室，冰温是指从 0 ℃开始到食品冰点为止的温域，在储藏农产品、水产品时，可以较好保持其新鲜度，使其成为第三种保鲜技术。冰温保鲜室在存放鲜肉、鱼、虾、贝类及乳制品时，既能保鲜，又不冻结食物。

⇒ 冷藏（却）室：**0~10 ℃**。

⇒ 冰温保鲜室

⇒ 冻藏（结）室：**≤−18 ℃**，较长时间保藏

21 / 食品是否需要冻结？冻结食品会腐败吗？

宰杀后的鱼、肉、禽等动物性食品是没有生命力的生物体，一旦被细菌污染，细菌迅速生长、繁殖，就会造成它们腐败变质。把动物性食品放在低温条件下贮藏，酶的活性就会减弱，微生物的生命活动受到抑制，就可延长它的贮藏期。通常，非活体食品的贮藏温度越低，其贮藏期越长。动物性食品在冻结点以上的冷却状态下，只能作1~2周的短期贮藏；如果温度降至冻结点以下（国际上推荐 -18 ℃以下），动物性食品呈冻结状态，就可作长期贮藏，并且符合温度越低，品质保持越好，食用贮藏期越长的原则。水果、蔬菜等植物性食品也可用冻结的方法加工成速冻水果、速冻蔬菜，并在 -18 ℃以下的低温下贮藏，其贮藏期可达 1 年以上。

需要注意的是，酶的活性仅仅是减弱，不是杀酶；微生物的生命活动仅仅是受到抑制，不是灭菌；化学反应速度仅仅是降低，不是停止。所以冻结食品的保质期延长了，但是冻结食品还是会腐败的，只是时间推后了。

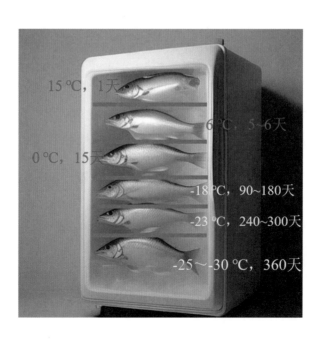

15 ℃，1天
6 ℃，5~6天
0 ℃，15天
-18 ℃，90~180天
-23 ℃，240~300天
-25～-30 ℃，360天

22 水果、蔬菜若直接冻结，会有什么问题？

蔬菜、水果等植物性食品在冻结前一般要进行烫漂或加糖等处理工序，这是因为植物组织在冻结时受到的损伤要比动物组织大。

植物细胞的构造与动物细胞不同。植物细胞内有大的液泡，结冰时因含水量高，对细胞的损伤大。植物细胞的细胞膜外还有以纤维素为主的细胞壁，而动物细胞只有细胞膜，细胞壁比细胞膜厚又缺乏弹性，冻结时容易被胀破，使细胞受损伤。此外，植物细胞与动物细胞的成分不同。由于这些差异，在同样的冻结条件下，冰结晶的生成量、位置、大小、形状不同，造成的机械损伤和胶体损伤的程度亦不同。

新鲜的水果、蔬菜等植物性食品在冻结过程中其植物细胞会被致死，这与植物组织冻结时细胞内的水分变成冰结晶有关。当植物细胞冻结致死后，因氧化酶的活性增强而使果蔬褐变，为了保持原有的色泽，防止褐变，蔬菜在速冻前一般要进行烫漂处理，而动物性食品因是非活性细胞则不需要此工序。

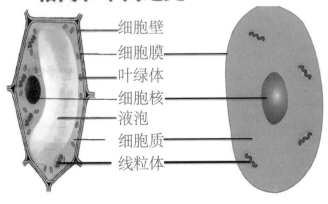

动物细胞与植物细胞有什么相同和不同之处？

细胞壁
细胞膜
叶绿体
细胞核
液泡
细胞质
线粒体

23 / 如何防止冰箱中的冻结食品变干？

冰箱中的冻结食品变干了，是因为"干耗"。食品在冻结（冻藏）过程中，因失去水分而造成的质量减少，俗称"干耗"，其形成原因是食品表面的水分蒸发和冰晶升华。

干耗发生的原因是冻结室内的空气未达到水蒸气的饱和状态，其蒸汽压小于饱和水蒸气压。而鱼、肉等含水量较高，其表面层接近饱和水蒸气压，在蒸气压差的作用下食品表面水分向空气中蒸发，表面层水分蒸发后内层水分在扩散作用下向表面层移动。由于冻结室内的空气连续不断地经过蒸发器，空气中的水蒸气凝结在蒸发器表面，减湿后常处于不饱和状态，所以冻结过程中的干耗在不断进行着。

如何防止干耗：①冻结前，用保鲜膜将食品包裹好，要求是不漏气、密封，不让水蒸气逃跑。②如果冻结前没有用保鲜膜将食品包裹好，冻结后包冰衣，能够包多厚就包多厚，只要不出现裂缝就可以。这样，干耗跑掉的水分由冰衣负责，与食品无关。③完整密封的包装。买来的冻结食品大多有完整密封的包装，保持好，不要破坏掉。

24 家用冰箱使用中需要注意哪些问题？

（1）注意保质期。常见食物在冰箱内的存放时间如下：

鸡蛋：生蛋冷藏 1~2 个月，熟蛋冷藏 1 周。

奶制品：牛奶冷藏 5~6 天，酸奶冷藏 7~10 天。

肉类：牛肉冷藏 1~2 天，冷冻 90 天；鸡肉冷藏 2~3 天，冷冻 360 天。

鱼类：冷藏 1~2 天，冷冻（-18 ℃）90~180 天。

水果：梨冷藏 1~2 天。

蔬菜：冷藏 4~5 天。

剩饭、剩菜：不建议储存。

（2）注意窜味问题。存放有较强气味的食品，建议严密包装。

（3）尽量用单体冻结。生鲜食品买来后，去掉不可食部分，清洗、分割，取一次食用量，摆盘，冻结；分多个小块，独立包装，分次取用。

（4）冻品解冻后，不要再次冻结。冻结—解冻—冻结—解冻的过程称为冻融循环。冻结和解冻这两个过程都会对食品造成破坏。

（5）尽量缩短保藏时间。尽量做到随买随吃、先买先吃、定期检查。

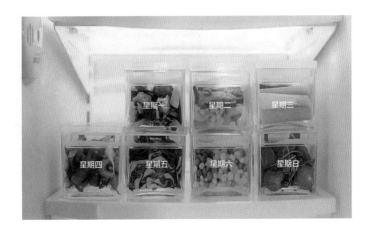

25/ 在冰箱冷藏的香蕉为什么会发黑?

在冷却贮藏时，有些水果、蔬菜的品温虽然在冻结点以上，但当贮藏温度低于某一界限温度时，果蔬正常的生理机能就会遇到障碍，失去平衡，这称为冷害。冷害症状随品种的不同而各不相同，最明显的症状是表皮出现软化斑点和核周围肉质变色，像西瓜表面凹斑、鸭梨的黑心病、马铃薯的发甜等。一般来讲，产地在热带、亚热带的果蔬容易发生冷害，冷藏后再放到常温中，就丧失了正常的促进成熟作用的能力。

果蔬冷害界限温度和症状

种类	界限温度 /℃	症状
香蕉	11.7~13.8	果皮变黑，催熟不良
西瓜	4.4	凹斑，风味异常
黄瓜	7.2	凹斑，水浸状斑点，腐败
茄子	7.2	表皮变色，腐败
马铃薯	4.4	发甜、褐变
番茄（熟）	7.2~10.0	软化、腐烂
番茄（生）	12.3~13.9	催熟果颜色不好，腐烂

26／为什么不建议将鲜蛋放在冰箱门的蛋格上？

　　鲜蛋在适宜的冷藏条件下，"生命"活动虽然受到抑制，但是它仍然有"生命"。家用冰箱冷藏室的门上一般会有蛋格，许多人理所当然地把鲜蛋放在蛋格上。由于冰箱门开闭频繁，特别是当冰箱门开启时间较长时，鲜蛋与空气温差过大，蛋壳表面就会凝结一层水珠，俗称"出汗"。这将使壳外膜被破坏，蛋壳气孔完全暴露，为微生物顺利进入蛋内创造了有利条件。蛋壳着水后也很容易感染微生物，影响蛋的质量。

　　对于这种情况，正规的冷藏厂采取的措施是专门设置升温间，进行冷藏蛋的升温工作。冷藏蛋升温时应先将升温间温度降到比蛋温高 1~2 ℃，以后再每隔 2~3 h 将室温升高 1 ℃，切忌库温突然上升过高。当蛋温比外界温度低 3~5 ℃时，升温工作结束。可以看到，为防止鲜蛋"出汗"，厂家是花了大力气的。而我们不经意的动作，就让厂家极力防止的"悲剧"上演了。

　　实际上，要防止"悲剧"上演也十分简单，可以购买贮蛋盒，将鲜蛋贮藏贮蛋盒中，然后放入冰箱。这相当于在冰箱中给了鲜蛋一个不受外界干扰的"家"。

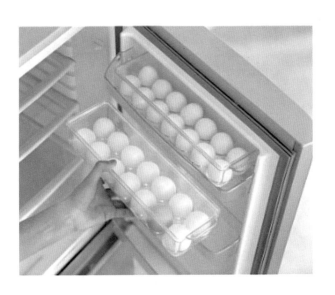

27/ 冰箱是如何保鲜食物的?

　　冰箱通过压缩机、冷凝器、蒸发器、节流装置，使制冷剂循环起来，不断地向外"搬运"热量，保持内部的寒冷。冰箱保鲜室内部的温度通常保持在 5 ℃左右，这个温度刚好可以抑制大部分细菌的生长，食物中酶的活性也跟着降低。冰箱里的冷藏室就像是一个冬眠的空间，让蔬菜、水果和其他易腐食品进入一个缓慢的状态，延长它们的新鲜度。

　　而冰箱的冷冻室，温度则更低，通常在 −18 ℃左右。在这里，食物中的水分被迅速冻结，形成冰晶，这样就可以把食物保存更长的时间。冷冻室就像是一个时间胶囊，让食物进入一个几乎静止的状态，等待未来解封。

28 冰箱内食物储存有何讲究？

冰箱储存食物是一门艺术。想要保持食物的新鲜和安全，就需要掌握几个关键的技巧。

首先，食物的分类储存至关重要。生食和熟食、蔬菜和水果都应该有各自的位置，这样可以避免味道混合和细菌交叉传播。

其次，食物的封装也是保鲜的关键，密封的容器就像是食物的盔甲，保护它们免受空气和湿气的侵袭，延长保鲜期。

当然，食物的存放时间也是一个不可忽视的因素。蔬菜和水果在冰箱里的寿命通常是一周左右，而熟食则最好尽快食用。定期清理冰箱，及时丢弃过期或变质的食物，是维持食品安全的基本常识。

再次，冰箱的温度调节也是保鲜的重要环节。冷藏室的温度应保持在 5 ℃左右，而冷冻室则应低于 −18 ℃，以确保食物在最适宜的环境中保存。

最后，定期进行除霜是保持冰箱卫生和食物新鲜的必要步骤。

二

冷藏冷冻篇

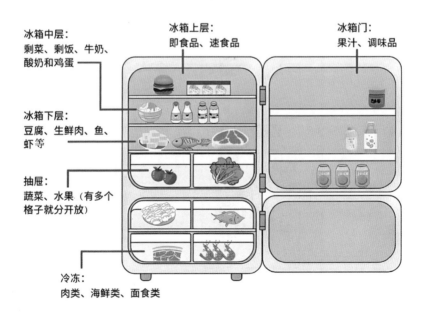

冰箱中层：
剩菜、剩饭、牛奶、酸奶和鸡蛋

冰箱上层：
即食品、速食品

冰箱门：
果汁、调味品

冰箱下层：
豆腐、生鲜肉、鱼、虾等

抽屉：
蔬菜、水果（有多个格子就分开放）

冷冻：
肉类、海鲜类、面食类

29/冰箱温度如何影响食物的新鲜度和营养？

冰箱的温度是食物新鲜度和营养保持的"守门员"。

冰箱的冷藏室温度建议设置为 2~4 ℃左右，这有助于延长食材的保存时间并保持其新鲜美味。这个温度能有效地阻止细菌的生长，细菌是食物腐败和变质的主要原因之一。同时，低温减缓食物的新陈代谢速度，有助于保持食材的营养和水分含量。

冷冻室的温度则建议设置为 −18 ℃，这个温度能够让大部分食物达到冰点，达到冷冻保鲜的目的。绝大多数微生物在这个温度下才会停止繁殖，从而抑制微生物的活性。此外，一些冰箱采用了先进的冷冻技术，能够迅速冷冻食材，锁住食材中的营养物质，使其在解冻后依然保持新鲜和营养。

总体而言，冰箱内部的温度控制对于食物的新鲜度和营养保存至关重要。适当的温度可以减少营养的流失，并延长食物的保质期。

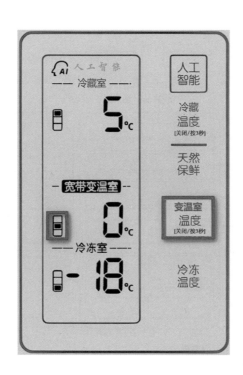

冷冻食品与新鲜食品的营养价值有何区别?

在探索冷冻食品与新鲜食品的营养奥秘时,我们常常会陷入一个误区:新鲜即代表营养。但科学研究告诉我们,这个问题的答案并非那么简单。

首先,新鲜食品在采摘后,如果不能及时食用,其营养价值会随着时间的推移而逐渐降低。例如,维生素C是非常容易在储存过程中流失的营养素。而且,由于新鲜食品在运输和储存过程中可能会接触到各种化学物质,从而影响其营养价值。

其次,冷冻食品通常是在采摘后的成熟高峰期进行快速冷冻,这样可以锁住食品中的营养成分。研究发现,冷冻食品在维生素C和其他一些营养素的保留上并不逊色于新鲜食品。事实上,某些冷冻食品的维生素含量甚至可能超过所谓的"新鲜"食品。

当然,冷冻过程中也有一些营养素损失,尤其是在预先热处理的过程中。但总体来说,冷冻食品在营养保留方面做得相当不错,特别是对于那些无法立即食用新鲜食品的情况。

所以,下次当你在超市的冷冻区挑选食品时,不妨记住:冷冻食品在营养上可能比你想象得要好呢。

31 / 什么是食品冷链？有什么作用？

当我们在超市挑选冷冻食品，或是享受冰淇淋时，很少会想到这些食品是如何保持其新鲜度和安全性的。这背后的英雄就是"食品冷链"。简单来说，它就像是一个巨大的冰箱，食品从生产开始，一直到被人们消费，都在严格的低温下进行。这个过程包括冷藏和冷冻，帮助食品抵御微生物的侵袭和化学变质的威胁。在食品安全的舞台上，食品冷链扮演着关键角色。

抑制微生物生长：就像是给细菌和霉菌按下了暂停键，低温让它们的繁殖速度慢下来，减少了食品变质的概率。

延缓化学变质：低温环境下，食品中的化学反应就像是慢动作播放，帮助保持食品的营养和品质。

保持新鲜度和营养：控制温度，让食品保持原始的风味和营养。

提高供应链效率：食品冷链技术让食品能够跨越更长的距离，满足更多人的需求，同时也减少了食品在运输过程中的损耗。

总之，食品冷链在幕后默默地保护着我们的食品安全，让我们可以安心享受每一口美味。

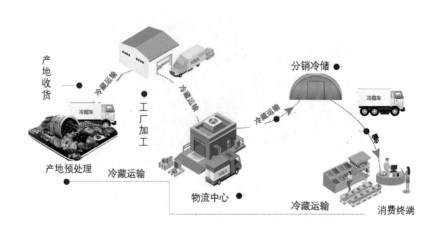

32 有哪些常见的制冷剂？如何选择？

常见的制冷剂类型有很多种，它们在制冷系统中起着至关重要的作用。以下是一些常见的制冷剂类型及其特点：

（1）氟利昂类制冷剂：氟利昂是一类氟氯烃化合物，例如R22、R134a等，它们具有良好的制冷性能和热力学性质。然而，氟利昂类制冷剂存在温室效应和对臭氧层的破坏作用，因此在许多国家已经或正在逐步被淘汰使用。

（2）碳氢化合物：碳氢化合物制冷剂（如丙烷、异丁烷等）是天然的制冷剂，具有较低的温室效应和对臭氧层的影响，具有环保性和可再生性。

（3）氨气：氨气是一种环保型制冷剂，具有良好的制冷性能和高热效率，对大气层中的臭氧层没有破坏作用。因此，氨气在工业制冷领域得到广泛应用。但是，氨气有低毒性。

以上列举的制冷剂类型仅为常见的几种，随着技术的不断进步和环保意识的提高，新型制冷剂也在不断涌现。在制冷剂的选择和使用过程中，需要充分考虑其制冷性能、环保性、安全性以及成本等多方面因素，以及对环境和人体健康的影响。

二

冷藏冷冻篇

33 制冷剂在循环中是如何完成吸热和放热的?

制冷剂之所以需要循环使用是因为在制冷系统中，制冷剂扮演着传递热量的重要角色。制冷剂在制冷系统中经历蒸发、压缩、冷凝和膨胀等过程，通过这些循环过程，制冷剂能够吸收和释放热量，实现室内温度的控制和调节。

在制冷系统中，制冷剂通过蒸发器吸收室内空气的热量后，发生蒸发逐渐变成气态。气态制冷剂进入压缩机被压缩成高温高压气体。接着，通过冷凝器换热，冷凝成液态，同时将热量传递给外部环境。最后，液态制冷剂通过节流阀膨胀，降低压力和温度，重新进入蒸发器，开始新一轮的循环。

通过这样的循环过程，制冷剂不断地完成热量吸收和释放，从而实现对室内温度的控制和调节。制冷剂在循环使用的过程中，制冷系统能够持续运作，保持室内温度在理想范围内，满足人们对舒适环境的需求。

因此，制冷剂的循环使用是为了确保制冷系统的正常运行，实现有效的热量传递和温度控制。合理选择制冷剂、优化制冷系统设计以及定期维护保养都是确保制冷剂循环使用效果的关键措施，也有助于提高制冷系统的能效性和环保性。

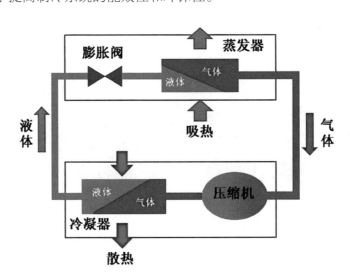

34 除了空调，制冷系统还应用于哪些领域？

除了空调领域，制冷系统在各个领域都有着广泛的应用。

冷藏和冷冻：冷藏和冷冻行业（从家用冰箱到商用冷藏柜、冷冻库）是制冷系统应用最为广泛的领域之一，它与空调的制冷温度不同。

医疗行业：医疗设备中的制冷系统用于保持药品、疫苗、生物样本等物品的稳定性。在医院、实验室和制药工厂中，制冷技术被广泛应用于冷藏柜、冷冻箱、冷藏车辆等设备。

工业制冷：在工业生产过程中，制冷系统用于控制生产设备和产品的温度，保证生产过程的稳定性和质量。例如，在塑料加工等行业中，制冷技术被广泛应用于冷却设备、保持生产环境恒温恒湿等方面，提高生产效率和产品质量。

航空航天：在航空航天领域，制冷技术被用于控制飞机、火箭等航天器件的温度，确保设备正常运行和乘客舒适。

农业和渔业：农产品的采收、储存和运输过程中需要制冷技术来保持产品的新鲜度和质量；渔业领域利用冷链技术延长海鲜等产品的保鲜期，以提高市场竞争力。

35 制冷系统中的压缩机有什么作用？

　　压缩机在制冷系统中扮演着至关重要的角色，是制冷循环的核心部件之一。

　　压缩机的主要功能是将低压制冷剂气体吸入并压缩，使其转化为高压高温气体。这一过程导致了气体分子的密集排列，增加了气体分子的动能和热量。高压高温气体在冷凝器中释放热量后被冷凝成高压液体。最后，高压液体经过节流阀放压，压力下降，变成低压低温的液态制冷剂，从而完成了制冷循环的一个完整过程。

　　压缩机的工作效率、稳定性和耐久性对制冷系统的能耗、制冷效果以及使用寿命都有着重要影响。因此，压缩机的选择和设计需要充分考虑制冷系统的整体性能和实际工作需求。

　　常见的压缩机类型包括螺杆式压缩机、往复式压缩机、离心式压缩机等，它们各自具有不同的优势和适用范围。

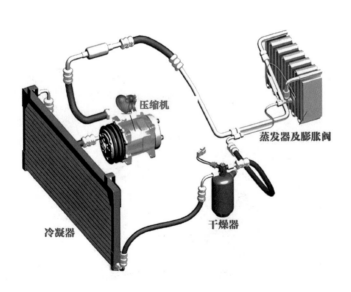

36 为什么制冷系统需要节能和环保?

制冷系统的节能和环保意识在当今社会变得越来越强烈，这主要源于以下几个方面的考虑：

（1）制冷系统是工业和生活中不可或缺的设备，但其能耗却相当可观。高效的制冷系统能够有效减少能源消耗，降低运行成本。通过采用先进的制冷技术、优化设计和智能控制，可减少对全球资源的压力。

（2）环保意识的提升促使人们越来越关注制冷系统所使用的制冷剂和其对环境的影响。传统制冷剂如氟利昂，释放到大气中后可能对臭氧层产生破坏。因此，推荐采用环保制冷剂，保护地球的生态环境。

（3）随着全球环境问题的日益凸显，各国政府纷纷出台了一系列旨在推动制冷系统节能、环保的政策法规。世界各地的环境保护组织也积极呼吁企业和个人采取更加环保的生产和生活方式。因此，制冷系统的节能和环保设计不仅有助于企业降低运营成本，还可以获得政府的支持和认可。

从长远来看，制冷系统的节能和环保意识的提升将成为产业发展的必然趋势，其不仅有利于经济发展，也有利于减小对环境的负面影响，是未来制冷技术发展的重要方向之一。

37/ 正在研发的新型制冷技术有哪些?

为了满足人们对高效、环保制冷系统的需求,同时应对日益严峻的能源和环境挑战,除传统压缩制冷技术外,目前一些新型制冷技术正在积极研发中。

磁制冷技术通过在磁场中使某些物质经历磁熵变化,从而实现制冷效果,其具有能耗更低、无污染、无噪声等特点,有望成为未来制冷领域的重要发展方向之一。

热声制冷技术利用声波的压缩和膨胀作用来实现气体的快速冷却或加热,从而实现温度调节,其具有操作简单、无需制冷剂、环保等优点,有望在小型制冷设备或特定场合下得到广泛应用。

固态制冷技术是利用固态材料或固态装置实现制冷的一种新型技术,其具有体积小、振动极低、寿命长等优势,适用于微型制冷设备或特殊环境下的制冷需求。

纳米制冷技术利用纳米材料的特殊性质,如量子尺寸效应、表面效应等,实现高效制冷,其通过设计纳米结构和控制纳米粒子的运动,实现更高效的制冷效果。

38 制冷系统的能效比是什么？

制冷系统的能效比是指制冷系统输出的制冷量与输入的电能之比。它是衡量制冷系统性能优劣的重要指标之一。高能效比意味着系统在提供相同制冷效果的情况下消耗的能源更少，从而降低能源成本，为用户带来经济效益，提升企业的竞争力。对于个人用户来说，高能效比的制冷系统虽然可能初始投资较高，但在长期运行中将带来节能减排的效益，为用户节省大量的能源支出。高能效比的制冷系统还能减少对环境的负面影响，如减少温室气体排放，促进可持续发展。

总的来说，在制冷技术的研发和应用中，不断提高能效比，推动制冷系统朝着更加节能、环保和经济的方向发展，具有重要的意义和价值。

二

冷藏冷冻篇

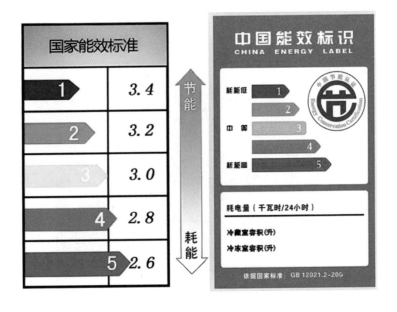

39 高温环境为何会影响制冷系统的性能？

高温环境确实会对制冷系统的性能产生一定负面影响。

首先，在高温条件下，制冷系统压缩机需要消耗更多的能量来实现相同的制冷效果。同时，高温环境也会使制冷系统的冷凝器散热效果变差。这两方面都会降低制冷系统的能效比。

其次，高温环境下空气密度较低，会导致制冷系统在换热过程中的传热效率下降。此外，高温环境还可能导致系统内部管道和阀门等部件的温度升高，增加系统的能量损失。

可以采取一些措施来提高系统的环境适应能力和稳定性。例如，在设计制冷系统时可以采用高效的制冷剂、优化系统结构和组件选材；定期进行系统维护和清洁，确保系统内部通路畅通，散热效果良好。

总的来说，虽然高温环境对制冷系统会带来一定的影响，但通过合理设计和维护，制冷系统仍然可以发挥良好的制冷效果和性能，使用户获得舒适的使用体验和节能环保效益。

THREE

三 冷藏运输篇

新能源汽车空调在冬季是如何供暖的？

在冬季，新能源汽车的空调系统提供采暖功能时，主要有三种方式：热风、热水和热泵。

（1）热风采暖：采用电阻丝作为核心加热组件，将其放置在空调出风通道内。外界空气或者车内回风流经加热组件，被加热后送到车内。其特点是结构简单、布置方便，但它直接加热空气的方式可能使空气温度太高，让人感觉不舒适。另外，电加热元件安装在乘用车座舱内也可能带来安全隐患。

（2）热水采暖：采用正温度系数热敏电阻或厚膜作为加热元件，安放在液体流道内。流道内被加热的液体将热量传递到位于空调出风口通道的热交换器，外界空气或者车内回风流经热交换器被加热。它的特点是安全性更高，车内环境的舒适性好，但对部件的制造技术要求更高。

（3）热泵采暖：热泵技术供暖具有能效高的优点，但在北方冬季环境温度较低的情况下，热泵制热效果可能不佳，目前在国内乘用车中尚未得到广泛应用，但越来越被重视。

总的来说，水暖方式在安全性和舒适性上更有优势，未来可能会成为新能源汽车空调加热系统的主流。

三
冷藏运输篇

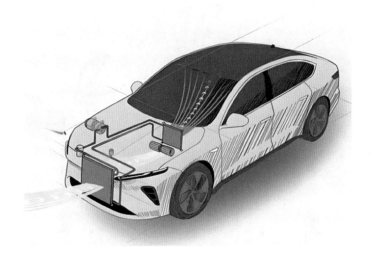

41 高铁车厢如何使空气流通以防止病毒和病菌传播？

高铁已成为人们出行的重要交通工具。为了有效减小车厢外噪声的干扰，高铁车厢通常有着良好的气密性，那么密闭的高铁车厢内如何进行空气流通和防止传染病传播呢？

事实上，高铁车厢并非完全与外界隔绝，而是通过带有新风和排风系统的空调系统与外界空气相连通。新风系统净化外界空气，定期将洁净的空气送入车厢内。高铁车厢的空调新风进风口安装有过滤装置，能够有效阻挡各种颗粒物和部分病毒及病菌，过滤装置还将定期进行清洗、消毒和更换，保障车厢内空气的洁净，预防传染病的传播。新风送风风机开到最大转速时，每节车厢每 5~10 min 可完成一次新风更换，确保车厢内空气新鲜。通常，新风进风口位于车厢顶部，废气排出口设置在车底，空气形成自上而下的垂直流动，避免空气在车厢内部或者相邻车厢之间形成水平流动，从而防止病毒和病菌在车厢内的横向传播。此外，距离新风口较近的靠窗位置，或者空间较大的车厢两端的位置都是空气品质更好的地方。

高铁车厢的空气流通经过科学设计，能有效降低空气中病毒和病菌的传播风险，为乘客提供洁净的车厢空气环境。

42 / 冬季电动汽车的续航里程为什么会减少?

在寒冷的冬天,人们会发现电动汽车的续航里程明显减少,这是为什么呢?

电动汽车的续航里程主要依赖于电池的性能。冬季的低温环境使电池内部的化学反应速率减慢,电池电阻增加,电池放电速率降低,从而减少了电动汽车的输出功率和续航里程。在寒冷的气温下,电动汽车还需要消耗更多的能量来加热车内空气,致使车辆的续航里程进一步减少。那么,应该如何改善电动汽车在冬季的续航里程呢?下面是一些有效的方法:

(1)减少电动汽车在低温条件下的停车时间,尽量选择室内停车。在使用车辆之前,可以提前使用车载加热系统对车辆进行预热,减少启动时能源的消耗。

(2)尽量减少在低温条件下车内的能量消耗,如考虑使用座椅加热功能,减少对车内空气的额外加热;调节暖风口,将暖风集中供到驾驶员和乘客的身体部位,而不是全车通风供暖。

(3)定期检查电动汽车的电池状态和健康状况,确保电池组没有损坏或老化,以保证电动汽车的最佳性能和续航里程。

总的来说,我们可以通过形成良好的使用习惯来提高电动汽车在寒冷季节的续航里程。

三

冷藏运输篇

43 汽车车窗起雾原理及应对方法是什么？

汽车车窗起雾是水汽凝结在车窗表面形成水汽凝露。车窗起雾有两个条件：一是湿度过高；二是温度过低。

夏季，车内温度较低，当车窗温度低于车外空气的露点温度时，会在车窗外表面形成结露。冬季，车外温度低，车内温度高，开关门进入的湿冷空气和车内人员呼吸释放的水蒸气会增加车内水汽含量，温度低的车窗表面水分饱和蒸汽压低于车内环境的水蒸气分压力时，水汽就会向玻璃表面聚集，以微小的水珠形式渗析出来而形成雾气。

车窗起雾不仅影响驾驶者的视线，还会增加行车的危险性。那么如何应对车窗起雾呢？可以试试这几种方法：①打开车辆的空调除湿模式，以减少车内湿气；②在车窗表面喷洒专门的除雾剂，然后用干净的布均匀擦拭；③定期清洁车窗表面，可以减少灰尘和污垢的积累；④下雨天及时打开雨刮器，清除车窗表面的雨水，减少水汽在玻璃表面的积聚；⑤开窗通风，让车内外温度保持一致。

44 新能源汽车电池为什么要散热?

新能源电动汽车电池的散热对于车辆的性能、安全性和电池寿命至关重要。首先,良好的散热系统可以有效降低电池工作温度,避免过热造成的性能下降甚至损坏。过高的温度会导致电池内部化学反应加速,降低电池寿命,甚至引发安全隐患。其次,合理的散热设计可以提高电池的充放电效率,减少能量损失,延长整个电池系统的使用寿命。最后,电池在工作时产生的热量如果不能及时散发,还会影响车辆性能,如降低加速性能、减少续航里程等。

目前新能源汽车电池散热主要有四种方式:①风冷散热,通过在电池周围安装风扇和散热片将热量排出;②液冷散热,也是目前大部分新能源汽车电池散热的方法,通过循环冷却剂带走热量,效率高且稳定性好;③热管冷却,热管是一种高效的热传导设备,可将电池热量传输到冷凝端,实现有效的散热;④利用相变材料散热,当电池产生过多的热量时,相变材料会吸收热量并进行相变,从而稳定电池温度。

45 / 地铁隧道中的颗粒物有何危害？如何治理？

地铁隧道中，地铁列车在运行中由于摩擦、制动以及轨道磨损等而产生大量含金属颗粒物。同时，外界环境中的扬尘等颗粒物也会进入隧道内。这些颗粒物随气流扩散到地铁公共区，长时间接触或者频繁暴露在高浓度的颗粒物环境下，可能对人体的呼吸系统、心血管系统造成危害。

当前采取的颗粒物的治理措施有：①提高地铁隧道的通风效率，保证空气流通，减少颗粒物在隧道内的停留时间；②定期清洁地铁隧道和站台，减少积尘和颗粒物的沉积。此外，在进入地铁隧道环境时，尤其是对于需要长时间在其中工作的人员，建议佩戴口罩减少颗粒物的吸入。

隧道清洁是控制地铁环境颗粒物的重要措施。隧道清洁途径主要有人工清洁和隧道清洁车两种。人工清洁工作效率低，劳动强度大，清洁效果欠佳；隧道清洁车主要采用喷水处理和吸尘清理两种方式，清洁效果较好，但存在清洁死角。此外，可在列车上安装除尘设备，对列车排放的颗粒物进行捕集和过滤处理，从而降低地铁隧道内的颗粒物浓度。

46 船舶冷库技术如何助力舰船走向深蓝?

　　船舶冷库是一种低温冷冻设备,适合储存鱼类、肉类、禽蛋类、果蔬类和粮食类等食品。

　　对于舰船远行,食品保鲜是必不可少的一个环节。船舶冷库技术能够实现该需求,比如海军第 39 批护航编队的太湖舰,其冷冻库温度保持在 -16 ℃,以延长米面果蔬的保持期或保鲜期。同时,远洋船舰实现船舶冷库创新技术,成功地将小油菜、菠菜等叶菜的保鲜期从 12 天提升至 60 天左右。因此,先进的船舶冷库技术有利于实现时间更久、品质更高的舰船远行食物保鲜需求。目前新型技术层出不穷,例如,有人提出使用喷射器实现节能,也有人提出采用可编程序控制器技术实现高精度控温要求。

47 豪华邮轮的空调系统有何特别之处?

众所周知，在日常生活中，空调是我们度过炎炎夏日和寒冷冬天必不可少的设备。那么，豪华邮轮上的空调系统是怎样运行的呢？

由于豪华邮轮单体规模大，与陆地上的宾馆和商场类似，空调系统采用的是间接式蒸气压缩制冷。间接式蒸气压缩制冷是依靠制冷机蒸发器中制冷剂的蒸发，从而使载冷剂冷却，再将载冷剂输入制冷装置的箱体或建筑物内，通过换热器冷却空气。该制冷系统包括冷水机组、循环水泵、膨胀罐、空气处理单元（空调器、风机盘管等）。

豪华邮轮的空调系统有多大呢？曾经是世界上最大豪华邮轮的玛丽皇后2号，排水量约15万吨，拥有1 310间客房，载客数最高可达3 090人，配有制冷量4 800 kW的冷水机组6台，合计28 800 kW，相当于11 000台家用的大1匹空调挂机。我国首艘国产大型邮轮爱达·魔都号，总吨位为13.55万吨，拥有客房2 125间，最多可容纳乘客5 246人，主要配置了5套主冷媒水系统和7套应急制冷系统，系统还包含约100台中央空调器，近2 500套风机盘管以及14 000多个用户末端等。

48 / 邮轮空调系统如何精确调温并适应海上颠簸？

邮轮空调系统的核心在于对船舱内温度的精确调控，通过中央空调系统实现舱内微环境的稳定。中央空调系统整合了制冷循环与通风循环，确保在海上颠簸的环境中，也能为乘客和船员带来舒适体验。

制冷循环是系统核心，由压缩机、冷凝器、膨胀阀和蒸发器四大组件协同工作。制冷剂在蒸发器中吸收船舱热量，实现降温。通风系统则负责船舱内空气的流通与更新。新鲜空气通过进风系统引入，经过过滤净化后，由送风系统均匀送至船舱各区域。排风系统及时排出污浊空气，保持舱内空气清新。

针对海上环境的特殊性，邮轮空调系统采用防震和防摇摆设计。空调系统智能化控制可智能调节制冷剂的流量、风机转速及送排风量，实现对舱内温湿度的精准控制。这不仅提升了乘客舒适度，还降低了能源消耗，实现绿色航行。

49 制冷空调会影响电动游轮的续航里程吗？

2022 年 3 月，纯电动游轮"长江三峡 1"号首次航行，该游轮是目前世界上最先进且真正实现"零噪声、零污染、零排放"的新能源纯电动游轮。那么在夏季为了维持游轮的内部空气质量，制冷空调的持续启动会对游轮的续航里程产生影响吗？

大家不必过于担心这个问题。首先，目前的电池技术已经非常成熟，储能密度巨大，已经在新能源汽车上验证了动力可行性。再者，电动游轮上通常会使用能效高的空调系统，可以用较小的能耗达到人体舒适温度。此外，电动游轮并非只依靠电池来满足动力和用能需求，太阳能、风能等其他新能源也会作为辅助能源支持游轮。电池主要负责游轮的动力来源，而辅助新能源则用来满足游轮上基础设施的用电需求，如空调系统以及照明系统。因此，在动力电池和辅助新能源的共同配合下，电动游轮能够轻松进行跨海甚至是跨洋航行。如此看来，电动游轮的续航里程自然也不会受到制冷空调的限制。

50 冷藏集装箱的作用是什么？

冷藏集装箱是一种具有温度控制系统的货运容器，它能够在不同的气候条件下保持恒定的温度。其基本工作原理是利用制冷技术，通过保持适宜的温度、湿度和通风，延长商品的保质期。冷藏集装箱通常由隔热材料等构成，内置先进的温度控制设备，确保商品在整个运输过程中保持稳定的质量。

冷藏集装箱的使用使得各种商品（包括果蔬、药品、化学品等）能够在长途运输中保持品质，以冷链方式进行全球范围内的运输。这促进了全球范围内的货物贸易，使得季节性和地域性的食品得以在全年范围内供应。

因此，冷藏集装箱作为食品运输领域的一项关键技术，在全球经济中发挥了不可替代的作用。随着科技的不断发展，可以期待这个"魔法盒子"在未来继续为社会带来更多的创新和便利。

057

三

冷藏运输篇

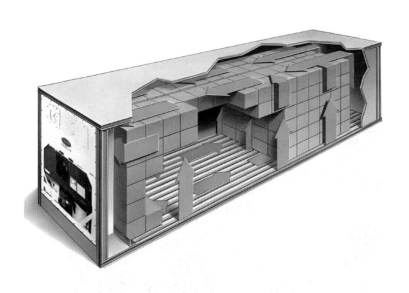

51/冷藏车为何在日常生活中很重要？

在非冷链运输过程中，食品暴露在不适宜的温度下会导致细菌滋生、食品变质，既造成损失，也会威胁消费者的健康。冷藏车是一种专门用于运输易腐烂食品或恒温货物的车辆。冷藏车在冷链环节中起到了连接生产者、供应商和消费者的桥梁作用，确保冷链不断"链"。

在实际应用中，冷藏车广泛用于食品、药品、生物制品等领域。在食品行业中，冷藏车可用于运输肉类、水果、蔬菜等易腐烂食品；在医药领域，冷藏车则用于运输需要保持特定温度的药品，确保其有效性和安全性。此外，冷藏车还被广泛应用于生物制品的运输领域，如血液制品、疫苗等。

然而，由于冷藏车制冷成本高以及操作人员的不当操作等问题，冷链运输环节的"断链"现象频发，造成食品变质、药品失效等问题，影响居民生活健康。因此，当前政府、企业和社会各界也在积极推动冷藏车的普及，通过降低成本、提高技术水平、加强培训和推广等措施，促进冷藏车的广泛应用。

52 / 为什么要快速进行采收后果蔬的预冷？

预冷是将采收的新鲜水果和蔬菜等货物在运输、贮藏或加工之前迅速除去田间热和自身呼吸热的过程。快速对采收后的果蔬进行预冷，能够尽可能减少果蔬的呼吸作用与蒸腾作用，延长果蔬生命周期，减少萎蔫、腐烂、黄化等现象，减缓细菌滋生，以达到农作物的保鲜效果。预冷还能提高果蔬自身抵抗机械伤害、生物病害的能力。

常见的果蔬预冷有四种方式：①冷库预冷，将采收装箱后的果蔬快速送入冷库，并且为防止产品在预冷期间的失水，应该调节库内空气湿度；②差压预冷，利用压差风机的抽吸作用，使冷空气流经包装箱上的通风孔，通过直接换热预冷产品表面；③冷水预冷，使用流动的冷水或采用冷水喷淋浸泡装箱的果蔬，此预冷法适宜于胡萝卜、桃、苹果等果蔬的预冷；④真空预冷，通过抽取真空箱内的空气和水蒸气来降低真空箱体内的气压从而达到冷却的方法。真空预冷可以有效去除果蔬表面的水，减缓细菌滋生，目前真空预冷使用较多。

53 什么是相变蓄冷？其应用领域有哪些？

相变蓄冷技术是一种利用相变材料在固液转化过程中吸收和释放冷量，从而使得保温区域达到低温效果的技术。相比机械式制冷技术，相变蓄冷是一种被动、持久的冷却方法。

目前，相变蓄冷技术被广泛应用到农产品运输、冷库、医药品运输、航天以及建筑等领域。相变蓄冷技术具有良好的温度稳定性，能够充分满足农产品以及医药品在运输过程中的温控要求。现在相变蓄冷技术已在冷库中应用，选择在晚上电费最低的时间段对相变蓄冷板进行蓄冷，白天关闭制冷机组利用蓄冷板进行释冷，达到"移峰填谷"的效果，从而节省制冷所消耗的费用。

近年来，相变蓄冷技术发展迅速，这归功于相变材料节能、节费、环保以及"精准控温"等独特优势。同时，相变蓄冷材料已经覆盖冷藏、冷冻、深冷等不同应用场景的相变温区，且已经在冷链物流运输箱及冷链装备上使用，均获得了用户的认可与好评。

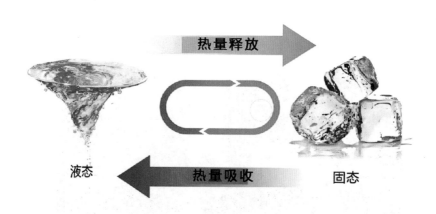

热量释放

液态　　热量吸收　　固态

54 / 果蔬新保鲜技术有哪些?

　　新鲜果蔬常用的保鲜技术包括冷藏、冷冻、真空包装和气调包装。冷藏就像给果蔬一个"冷静的家",延缓它们的腐烂速度;冷冻则是将果蔬"冷冻在时光里",保持它们的新鲜度,可能会改变口感;真空包装则将果蔬"隔绝"在真空中,减少氧气接触,延长保质期;气调包装是通过调节包装内的气体组成,延缓果蔬的变质,让它们更持久地保持新鲜。

　　保鲜技术一直在不断进步,未来发展前景广阔。新的材料和方法如纳米包装、生物保鲜剂等应用技术不断涌现,使保鲜技术更环保、更有效。智能化技术也正在发挥作用,如智能感知监控果蔬状态,精准调节保鲜环境。同时,人们对健康和品质的需求提升,更注重天然、无添加的保鲜技术。未来,我们期待更安全、更长久的果蔬保鲜方式的出现,助力减少食物浪费,满足人们对健康饮食的需求。

三 冷藏运输篇

FOUR

四 空调热泵篇

55 为什么空调既能制冷又能制热?

空调就像一个热能魔术师，能够按需操控热量传送方向。在炎热的夏天，它把室内的热量吸走，送到室外，让房间变得凉爽舒适。而在寒冷的冬天，它则捕获室外冷空气中的热量，经过转换，送到室内，温暖整个屋子。这种神奇的变化，归功于空调内部的压缩机和特殊液体——制冷剂。

当设置空调为制冷模式时，制冷剂在蒸发器中吸收室内空气的热量而蒸发，这样室内的热空气就被冷却下来。然后，制冷剂被压缩机压缩，带着吸收的热量流向室外的冷凝器，在那里释放热量并凝结，热量就这样被传递到了室外。

当切换到制热模式时，空调制冷剂的流动方向会反转，它在室外的蒸发器中吸收低温空气的热量并蒸发，然后被压缩机压缩，带着热量流向室内的冷凝器，在那里释放热量，使室内温暖起来。

制热　　　　　　　制冷

56 如何正确使用空调？

（1）适当设置温度：根据世界卫生组织（WHO）的建议，室内外温差最好控制在 5~8 ℃。如果外面像火炉一样，那么室内温度设定在 25~26 ℃是最理想的。这样既能保持凉爽，又能避免因温差过大而引起身体不适。

（2）定期清洁和维护：空调的滤网和内部需要定期清洁，以保证高效运转，减少细菌和灰尘，确保人们呼吸到清新的空气。

（3）合理利用通风和遮阳：在微风习习的日子里，开窗通风或使用风扇，可以让大自然的凉爽空气进入房间。同时，拉上窗帘或百叶窗，可以挡住炙热的阳光，让室内不那么热。

（4）选择节能型空调：选择能效比高的空调，就像选一辆省油的好车一样。它能更有效地利用能源，帮我们节省电费。

（5）合理控制使用时间：建议使用定时功能，既能保持适宜的温度，又能避免不必要的能源浪费。

（6）穿着适宜：在空调房间里，适当的穿着可以帮助我们更好地适应温差。

通过这些小贴士，我们不仅能享受到空调带来的凉爽，还能保持健康和环保。

57/ 使用空调制热时，如何避免干燥的困扰？

在冬季使用空调制热时，我们常常会感到室内空气变得干燥，这不仅会影响呼吸系统，还可能导致皮肤干燥、眼睛不适等。那么，如何在享受温暖的同时，避免干燥对健康的影响呢？

（1）使用加湿器：建议使用湿度计监测室内湿度，根据实际情况调整加湿器的使用，保持适宜的室内湿度。不过，别忘了定期清洁加湿器，防止细菌和霉菌的滋生。

（2）保持适宜的室内温度：建议将温度设定在比较适宜的20~22 ℃，还可以有效减缓室内水分的蒸发速度，避免干燥。

（3）通风：通过合理通风，引入新鲜空气，有助于维持空气湿度的平衡。每天至少开窗通风一次，为室内换气。

（4）保持良好的饮水习惯：增加饮水量，可以帮助我们补充因空气干燥而流失的水分，保持身体的水分平衡。

（5）摆放室内植物：室内植物不仅能美化环境，还能通过其自然蒸腾作用增加室内湿度。选择一些适合室内养护的植物，如吊兰、绿萝等，既能装点家居，又能提升空气质量。

58 空调除湿功能有益于健康吗?

空调的除湿功能对室内环境品质有着积极影响。在闷热的夏日，高温湿气会让我们感到不舒服，而且这样的环境也是各种微生物（如霉菌和螨虫）的温床。空调的除湿功能通过降低湿度，帮助我们避免这些问题，尤其对于那些有过敏症状的人来说，能显著提升生活质量。但是，使用除湿功能时，我们也需要注意湿度控制和定期清洁。

（1）湿度控制：过低的湿度会使空气变得干燥，影响呼吸和皮肤健康。适当的湿度既能防止微生物滋生，又能保持空气的舒适度。理想的室内湿度应该保持在 40%~60%。

（2）定期清洁：空调内部的清洁同样重要，定期清洁可以防止细菌滋生，确保除湿功能不会成为空气污染的源头。

总体而言，空调的除湿功能在适当使用和维护下，可以有效提升室内空气质量，对健康有益。只要我们注意调节湿度，并保持设备的清洁，就能享受到除湿带来的好处。

59 长期使用空调是否会影响室内空气品质?

长期在密闭空间内使用空调会对室内空气品质产生影响。

（1）湿度降低：空调降温过程中会降低空气中的湿度，使室内空气变得干燥，可能引起眼睛、喉咙不适，以及皮肤干燥。

（2）过滤器积尘：空调的过滤器能够过滤掉尘埃、花粉和微生物，有助于净化空气。如果过滤器长时间不清洗或更换，就可能积聚灰尘和细菌，反而成为污染源。

（3）通风不足：长时间使用空调而不通风会导致室内 CO_2 浓度升高，以及其他污染物的积聚，如装修材料释放的挥发性有机物、烹饪产生的油烟等。这些污染物在室内聚集，会造成室内空气品质下降。

为了维护良好的室内空气质量，建议采取以下措施：①适当使用加湿器，以保持室内湿度在 40%~60% 的理想范围内。②定期清洁和更换空调过滤器，以确保空气质量不受污染物影响。③定期开窗通风，引入新鲜空气，排出室内积聚的污染物。

四

空调热泵篇

60 为什么不宜开着空调在车内睡觉?

想象一下，在炎炎夏日，你坐在车内小憩，空调的冷风轻轻吹拂，仿佛将你带到了凉爽的海边。然而，这种惬意的体验背后，却可能隐藏着一些不为人知的风险：

（1）隐形的致命威胁：燃油车发动并原地静止时，人们在车内开着空调睡觉是非常危险的，因为发动机长时间怠速运行，不完全燃烧的燃油可能会释放出一氧化碳，致使人们中毒甚至身亡。

（2）不请自来的感冒：空调直吹，温度过低，就像冬天穿着短袖出门，很容易受寒，感冒可能就此找上门。

（3）僵硬的代价：在车座上长时间保持同一姿势，醒来时可能会感到肌肉僵硬。

（4）空气污浊：车内空间有限，长时间循环使用空调，空气会变得污浊。

所以，为了健康和安全，最好还是避免在车内开着空调睡觉。如果真的需要在车内休息，记得给窗户留个缝隙，让新鲜空气进来，同时也要注意不要长时间让车辆怠速运行。这样，既能享受片刻宁静，又能确保自身安全。

61 空气净化与智慧冷暖系统的益处及关联性?

空气净化系统和智慧冷暖系统在现代建筑中扮演着重要角色，它们虽然各自独立运作，却相辅相成，共同创造一个更健康、更舒适的居住环境。

空气净化系统的主要任务是提升室内空气质量。它通过高效的过滤器，清除空气中的细小颗粒物（如 $PM_{2.5}$）、病毒、细菌、过敏原，以及吸附有害物质（比如甲醛等挥发性有机化合物 VOCs）。这样的清洁过程对于呼吸健康至关重要，尤其是对于呼吸道敏感的人群，能够显著降低患病风险。

智慧冷暖系统则负责调节室内温度，确保居住者能享受到恒定舒适的环境。这些系统，如地源热泵或空气源热泵，不仅能提供温度控制，还能通过智能化管理节约能源。一些更先进的系统会结合新风系统，引入经过预处理的新鲜空气，同时排出室内的陈旧空气，这有助于降低室内 CO_2 浓度，排除湿气和部分有害气体，从而优化室内空气质量。

总的来说，空气净化系统和智慧冷暖系统在提供舒适居住条件的同时，也会对居住者的健康产生积极影响。

62 在挑选和使用空调时，需要注意哪些方面？

　　空调是一位神奇的魔法师，在炎炎夏日为人们带来丝丝凉意，在寒冷的冬天为人们带来阵阵暖意。我们应该如何选择和使用空调？

　　（1）安全：确保空调符合国家安全标准，并连接到一个稳定可靠的电源上。

　　（2）高效：选择高能效比（EER）的空调，就像选择一个能量效率高的魔杖，用最少的魔力（电力）施展最强的冷却（或加热）咒语。

　　（3）环保：使用环保型制冷剂能够减少对大气层的伤害。合理设定温度，避免过度制冷（或加热），还可以节能。

　　（4）维护保养：定期清洁空调滤网，检查制冷系统，确保它能长久地提供服务。更换磨损部件，让它焕发新的活力。正确处理废旧空调中的制冷剂，确保它不会对环境造成污染。

63 空调停开几天，为什么室温降温变慢？

冬夏季节，房间长时间没有开启空调时，如旅游几日或者出差几日后，回到家里开启空调，会发现房间温度需要较长时间才能达到设定温度，这主要是房间内外墙的蓄冷或蓄热所致。建筑物的外墙、地板、天花板等结构本身具有一定的热容量，长期暴露于外界环境中，会储存大量的热量或冷量。

以夏季为例，长期关闭的房间，墙体和其他建筑结构在白天会吸收大量的热量。当开启空调制冷时，空调不仅要将室内空气降温，还需同时对这些蓄热的建筑结构进行冷却。由于墙体表面温度过冷或过热，使人感觉环境总体温度变化不够快，影响使用的舒适性。

为了尽快达到舒适状态，可以采用如下小妙招：冬天离开家里时打开遮阳帘或夏天离开家里时放下遮阳帘；如果房间空调可以进行远程开启，可以提前打开空调；开启空调时也可以先设定到最大风速；将开启空调制热或制冷的房间之间的内外门窗关闭；有条件时，内分隔墙可以使用内保温隔墙；对于间歇性使用空调频率较高的，且希望快速制热或制冷的用户也可以适当选择功率大一点的空调。

64 空调电辅热要不要开？费不费电？

电辅热通过在空调出风口安装一个电发热装置来工作，让经过的空气温度进一步升高。为什么还需要开启电辅热呢？

空调原本的制热原理和搬运工有点相似，它的任务是将外面的热量"搬运"到室内来。现在市面上的空调，一份电大致可以搬运三到五份热量。但空调有个缺点，室外越冷，其"搬运"热量越费劲（即越费电）；当室外温度下降到一定温度后，有些空调会力不从心，甚至直接罢工。此时可以采用电辅热功能直接将电能直接转化为热量，而非花力气从室外"搬运"热量到室内。虽然电辅热的方式比较费电（一份电最多提供一份热），但胜在能提供立即的、额外的热量，保证室内温暖。

那么，要开电辅热吗？费电吗？关键看需求。通常，空调本身的制热能力已经足够使用。但在极冷的天气里，开启电辅热可以迅速提升室内温度，虽然这会增加电费，但在寒冷难耐时，快速的温暖和舒适感可能更加宝贵。总的来说，在必要时刻空调的电辅热功能可实现快速供暖。

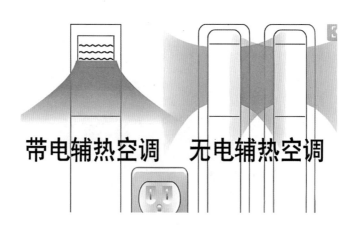

带电辅热空调　　无电辅热空调

65 为什么家用空调都配有引至室外的排水管?

　　家用空调有引导至室外的排水管与空调制冷循环的工作原理有关。空调系统由室内机和室外机两部分组成，其中，室内机装有蒸发器，室外机则包括压缩机和冷凝器。在制冷过程中，室内机的蒸发器将室内的热量吸收并转移至室外机的冷凝器，由此实现室内温度的降低。

　　室内机中的蒸发过程是一个吸热过程，导致蒸发器表面温度低于周围空气露点温度。当湿热空气与低温蒸发器表面接触时，空气中的水蒸气会凝结成小液滴进而形成冷凝水。一般情况下，冷凝水会收集在室内机的水盘中，然后通过排水管道引导至室外。然而，如果冷凝水管道安装不当或存在堵塞问题，就可能导致冷凝水无法正常排出，从室外机侧滴落。

　　室外机滴水问题不仅对周围环境造成潮湿和损害，还可能对人员安全产生隐患，甚至为细菌和霉菌提供滋生地，从而影响空调制冷效率和室内空气质量。为了降低室外机滴水问题的风险，可以采取一些预防措施，如在安装时确保冷凝水管的坡度和方向正确，以促进水流顺畅排出，定期清理排水管道以防堵塞，同时检查室外机是否有损坏或漏水的迹象。

　　另外在冬天制热的时，因空调化霜，空调的室外机也会有冷凝水。一般室外机底部有一个接水盘及排水孔，在排水孔接一根水管即可排水。

66 为什么清洗滤网后空调效果会变好？

　　空调滤网清洗后，可能会觉得空调吹出来的风更凉（夏季）或更暖（冬季）了。这是因为清洗滤网有助于提高空调的工作效率。空调滤网是空调室内机里面的一个保护罩，用来隔离空气中的灰尘和空调室内机里的核心部件。空调使用时间长了，滤网布满灰尘，不仅会堵塞气流通道，还会导致灰尘穿过滤网接触到核心部件，抑制核心部件的工作效率，进而降低空调的总体性能，长此以往空调耗电量将增加，空调的正常使用寿命也会受到影响。

　　空调滤网清洗后，堵塞的空气通道会恢复畅通，这有利于空调运行效率的提高。这意味着，在相同的用电量下，空调的夏季制冷效果更好，冬季制热效果也更明显。总的来说，清洗滤网有以下好处：①节能减排，空气流通顺畅的空调运行更加高效，消耗的电能减少；②延长空调使用寿命，清洗滤网可减轻空调核心部件和风机的工作负担，降低故障率；③提高室内空气质量，清洁的滤网能更好地过滤掉空气中的灰尘和杂质，有助于提高室内空气质量，使室内环境更加健康。

67 为什么冬天空调供热，还会感觉脚冷？

这种现象是由多个原因共同作用导致的。

（1）在加热环境的过程中，热空气密度较低，会上升到房间的上方，而冷空气则在房间下部聚集。因此，房间的上半部分气温相对较高，靠近地面的气温可能较低。

（2）冬天的地表面本身温度偏低。当脚部接触地面时，地面通过热传导吸收了脚部传递的热量，导致脚部感觉更冷。

（3）人体的血液循环对四肢的温度具有重要的调节作用。寒冷的环境容易导致血液循环减缓，血管收缩。四肢远离心脏，血液流速减缓，使绝大部分热量集中在躯干部位，而四肢末端局部供血不足，脚部就容易感到寒冷。

针对以上原因，可以考虑采取以下措施：①在家中铺设地毯或者地板保暖垫；②检查门窗缝隙和墙体保温状况，确保良好的密封和保温效果，有效地减少室内热量流失；③穿着保暖的袜子和拖鞋也能帮助在寒冷的冬季保持脚部的温暖；④适当的运动有助于促进血液循环，可以选择散步、瑜伽、舞蹈等方式，让血液更好地流通，从而为脚部提供充足的热量。

68 定频空调和变频空调的区别和选择?

定频空调和变频空调的差别主要在于空调的"心脏"——压缩机的工作模式，这直接关系到空调的能效和使用成本。

定频空调的压缩机在运行时只有一种固定的速度。当空调开启后，它就全速运行，直到房间温度达到设定的目标温度，然后它会停下来。如果房间温度有所变化，偏离了设定温度，空调就会重新启动。这种启停式的工作方式使得定频空调在调节室内温度时可能会导致温度波动较大，而且每次启动都是全功率运行，相对来说能效不是很高。相较于定频空调，变频空调就"聪明"多了。变频空调的压缩机能根据室内外温差动态调整运行速度，这意味着它可以在达到设定温度后，以较低的功率继续维持运行，保持室内温度的恒定，避免了频繁的启停，因此能更好地控制室内温度，同时也更节能。

从选择上来说，如果所在的地区四季温差大，或者对室内温度有较高的稳定性要求，那么变频空调会是更合适的选择，尽管它的初始购买成本相对较高。但长远来看，变频空调更高的能效意味着能节省更多的电费。而对于那些只是偶尔使用空调，或者对预算比较敏感的用户来说，定频空调则因其较低的购买成本而更具吸引力。

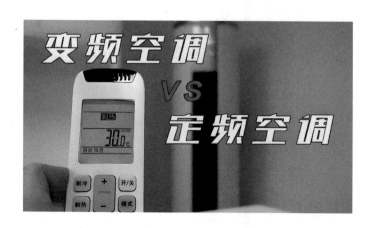

69 同样是 26 ℃，为什么冬夏感觉不同？

在夏天和冬天，即使空调都设置为 26 ℃，人在房间里的感觉却相差很大。其实，这背后的原因涉及的不仅仅是温度本身，还有我们对温度感知的复杂性。

首先，对温度的感受是由多种因素共同作用的结果。冬天气温低，这时空气经过空调加热后，我们感到温暖而干燥。此外，冬季着装保暖，帮助我们保持体温。而夏天，外界炎热，即使空调将室内温度降至 26 ℃，周围环境的高湿度以及轻薄的着装，使得这同样的温度却感觉起来凉爽许多。其次，是心理期望。在冬天，我们期待能从寒冷中获得温暖，而夏天时，则希望能得到一丝凉爽。这种期待影响了我们对温度的主观感受。最后，还有空气流动情况的影响。在冬天，我们倾向于尽可能减少空气流通以保持室内温暖；在夏天，开窗或使用风扇促进空气流动，以带走多余的热量，这也会影响对温度的感受。

总而言之，虽然温度计上的数字未变，我们对温度的感受却因季节、湿度、穿着、空气流动以及心理期望的不同而变化。因此，建议根据具体情况调整空调的温度设置，并考虑适当的湿度和空气流通，以达到最佳的舒适度。

四 空调热泵篇

70 空调室内机安装的最佳位置在哪里？

选择空调室内机的安装位置是保证房间内冷暖效果和减少用电量的关键。理想的位置应满足两个重要的条件：①空调室内机与室外机之间的连接管道应尽可能短且保温良好，以减少冷量损失，提高能效，也便于室内机的冷凝水就近排放至室外；②空调应安装在空气流通良好的地方，避免安装在被家具遮挡或空间狭窄的地方。

对于壁挂式室内机，宜安装在距地面 2.3~2.5 m 的高度，这样有利于冷热空气在室内的有效循环；此外，应安装在牢固的墙壁上，避免安装在卧室床头上方。

对于立柜式室内机，宜安装在房间的短边外墙处，出风方向沿着房间的长边方向。当室内机距离室外排水点较远时，应注意室内机基座离地高度，便于冷凝水有坡度地排放，防止泄漏。

对于吊顶安装的风管机，通常会隐藏在吊顶空间内，还要考虑出风口位置和形式，出风口应选用双层百叶风口，百叶角度能够上下、左右调节，避免风直吹人体，减少不适感。

在安装前，最好咨询专业人士，根据房间的结构布局、家具布置，选择最合适的安装位置。

71 开窗通风与空气净化器的作用有何不同?

开窗通风是最直接、经济的改善室内空气品质的方式,能够迅速降低室内污染物浓度,尤其适合在室外空气质量良好的日子进行。它可以有效引入新鲜空气,春秋季节还可以帮助调节室内温度和湿度。然而,在空气污染严重或有花粉、灰尘等过敏原的季节,开窗反而对室内空气质量造成负面影响。

相比之下,空气净化器可以在不开窗的情况下持续净化室内空气,特别适合于室外空气质量较差或需要避免外界污染物进入室内的环境。然而,空气净化器的效率受到其过滤技术和房间大小的限制,且需要定期更换过滤网,增加了长期使用的成本,而且一般空气过滤技术对于室内化学污染物(甲醛、苯、甲苯等)去除作用不明显。

综上所述,开窗通风和使用空气净化器各有利弊。在空气质量好的日子里,开窗通风是提高室内空气质量的简单有效方法;而在外部空气污染严重或需要特别注意室内空气质量的情况下,使用空气净化器则更为合适。合理使用开窗通风和空气净化器,可以更全面地保障室内空气质量。

72 冬天如何有效节省供暖费用?

冬天,供暖费用往往占据了家庭能源消费的大头,以下是一些实用的节省供暖费用的策略:

(1)提升家居保温性能:通过检查门窗的密封性并修补缝隙,可以显著减少热量流失。选择具有较好保温性能的门窗和墙体材料也是非常有效的。

(2)合理设置室内温度:适当穿戴,并将室内温度保持在20~22 ℃,通常可以达到经济且舒适的效果。当家中无人或夜间睡觉时,适当降低温度设定可以进一步节省能源。

(3)利用智能控制技术:利用智能恒温器等设备,根据生活习惯自动调节供暖系统,如不在家时自动降低室内温度。

(4)定期维护供暖系统:确保供暖系统处于最佳状态是节省能源的关键。定期检查和维护可以避免能源浪费,保证系统高效运行。

(5)选择高效供暖设备:购买供暖设备时选择高能效比的设备,虽然初期成本较高,但长期来看可以节省更多的能源费用。

(6)考虑局部供暖和可再生能源:在适合的条件下,可以考虑使用局部供暖设备或太阳能供暖系统。虽然需要一定的初始投资,但由于运行成本低、能效高,从长远看是非常经济的。

73 空调藏污纳垢的原因是什么？

不论是制冷还是制热，空调室内机和室外机都需要同时工作，导致这两个部件因其各自工作环境及功能特点而积聚污垢。

室内机主要负责吸入室内空气，并对其降温或加热后，向室内输送冷气或暖气，这是一个室内空气的循环过程。此过程中，空气中的灰尘、细菌等微小颗粒会被室内机的滤网截留。如不及时进行清洁，会影响空调的正常工作，甚至影响室内空气质量。此外，在制冷模式下，空调的工作会产生冷凝水，这些水分如果不及时排走，也会成为细菌和霉菌的滋生地。

室外机在夏天和冬天都承担着重要角色。由于直接暴露在外界环境中，它容易积聚灰尘、树叶甚至是小动物的残留物。这些杂质不仅会影响室外机的散热效率，还可能导致设备损坏或运行噪声加大。

因此，不论是夏天还是冬天，都需要定期清洁空调，以保持空调效率和室内空气质量。这包括定期清洁滤网、检查排水系统是否畅通，以及清除室外机的杂物等。这些简单的维护措施，可以让空调系统更加高效和耐用，同时也可以创造一个更加健康舒适的居住环境。

74 为什么地暖要比空调制热更舒适？

有人觉得地暖比空调制热更舒适，主要原因在于地暖系统和空调制热的工作原理及热分布方式不同，给人的感受不同。

地暖是通过地面均匀散热，提供稳定而持续的热量。这种加热方式使得热量从下而上逐渐升起，符合人体的生理需求，让人感觉脚暖头凉，舒适自然。相比之下，空调制热是通过安装在高位的空调送风口送出热风，由于热空气密度比冷空气小，往往导致室内出现温度层次不均，热空气停留在房间上部，而地面不够热，使得脚部感觉冷；有时热风直接吹向头部还会引起不适。

地暖系统在运行过程中几乎无噪声，使居住环境更安静。而空调系统的风扇和核心部件的运作声可能对室内的安静环境造成干扰。此外，地暖不像空调那样循环室内空气，不会吹起灰尘和微粒，对于有呼吸道疾病或过敏体质的人来说是一个更健康的选择。

当然，地暖系统的安装成本和维护成本相对较高，且加热速度慢于空调，需要提前开启以达到理想的室温。

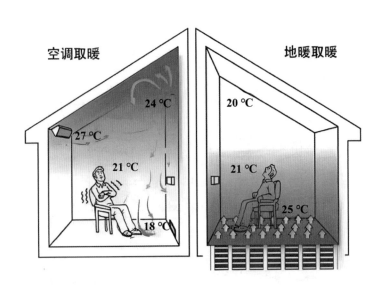

75 为什么冬天总觉得室内太干燥？

　　冬季室内干燥是常见问题，对居住舒适度和健康产生影响。科学分析表明，空气湿度与温度密切相关。冬季气温下降，空气饱和蒸汽压降低，水蒸气含量减少，导致空气干燥。室内采暖设备使用时，提升了温度，空气具备更大的吸湿能力，导致人体和物品水分蒸发，加上室内通风不足，湿度进一步降低。

　　缓解室内干燥的方法有多种。①使用加湿器是直接有效的措施，通过超声波等方式增加空气中水分，提升湿度；②室内放置水盆或湿毛巾，利用水自然蒸发增加空气中水分，是一种简单经济的方法。湿毛巾挂在暖气片上或使用喷雾器定期喷水，也能达到相似效果；③定期开窗通风同样重要，有助于排出室内干燥空气，引入新鲜湿润空气；④室内摆放绿萝、吊兰等盆栽植物，不仅美化环境，还能通过蒸腾作用释放水蒸气，提高室内湿度，并吸收有害气体，释放氧气，改善空气质量。

　　通过上述措施，能有效改善室内干燥状况，提升居住环境舒适度，保护皮肤和呼吸道健康。适宜的室内湿度还有助于维护家具和室内装饰，延长使用寿命。

四　空调热泵篇

76/空调的除甲醛模式靠谱吗?

空调的除甲醛模式是现代家居环境中针对室内空气质量提升的一项功能,旨在减少室内甲醛和其他挥发性有机化合物(VOCs)的浓度。通常,这类模式依靠内置的过滤系统,采用活性炭或其他特殊材质的过滤网以吸附有害物质。

然而,空调除甲醛模式的效果受多种因素的影响,如空调的使用环境、过滤系统的设计、运行频率和时长等。如果空调长时间不运行或过滤网未定期更换,除甲醛的效果将大打折扣。

虽然空调的除甲醛模式能在一定程度上降低室内甲醛浓度,但它并不能完全替代专业的空气净化设备。专业空气净化器通常配备更高效的过滤系统,能够更全面地净化室内空气。此外,彻底改善室内空气质量还需要采取其他措施,如保持室内良好通风、使用甲醛含量低的装修材料、定期检测室内空气质量等。

对于新装修的房屋,建议进行充分的通风换气,以降低甲醛等有害物质的浓度,确保居住者的健康。因此,空调的除甲醛模式应被视为室内空气净化的辅助手段之一。

77 什么是"回南天"？如何应对它呢？

"回南天"是中国南方春季特有的气候现象，主要出现在冬末春初。这一时期，温暖湿润的南风携带大量水汽，与冷空气相遇后，导致空气湿度急剧上升，形成高湿度、多雨的天气，使得室内外物品容易受潮，墙壁、地面和家具表面可能出现潮湿甚至霉斑，给日常生活带来不便，对健康也可能产生影响。为应对"回南天"的潮湿问题，可以采取以下措施：

（1）增强室内通风：通风能增加空气流通，帮助排出室内湿气，同时带入新鲜空气，改善室内空气质量。

（2）使用除湿器：在湿度较高时，除湿器能有效地降低室内湿度。若无除湿器，可利用空调的除湿模式。

（3）墙体防潮处理：使用防潮涂料或壁纸、涂抹防水漆是增强墙体防潮能力的有效方法。

（4）定期检查潮湿角落：对于家中容易积水的地方，如窗台、卫生间等，应定期检查并保持干燥。可放置干燥剂、石灰等吸湿材料，吸收多余水分。

通过这些措施，能有效减轻"回南天"的潮湿问题，保持室内环境干爽舒适。

四

空调热泵篇

78 超低能耗建筑有什么好处?

超低能耗建筑,是指适应气候特征和自然条件,通过保温隔热性能和气密性能更高的围护结构,采用高效新风热回收技术,最大程度地降低建筑供暖供冷需求,并充分利用可再生能源,以更少的能源消耗提供舒适的室内环境,且其室内环境参数和能耗指标满足标准要求的建筑。

和普通的建筑相比,超低能耗建筑的显著特点是其能源消耗量远低于常规建筑。首先,通过被动式设计,如采用高效保温隔热措施、高气密性节能门窗、可调外遮阳、自然采光、自然通风等措施降低建筑能源需求;其次,通过采用高效的制冷供暖设备、节能灯具、节能电梯等提升建筑能效水平,减少能源消耗;最后,超低能耗建筑重视可再生能源,如太阳能光伏光热系统的使用,以实现部分能源自给,在满足室内舒适、健康的前提下实现建筑的低能耗运行,可大幅度降低建筑业主或使用者的能源开销,实现更为经济、环保的目标。

发展超低能耗建筑是实现建筑节能降碳、提高建筑品质的重要手段之一,也是建筑领域实现碳达峰、碳中和目标的必由之路,具有广阔的发展前景。

FIVE

五

低温生物与医学篇

79 / 低温医学技术能为我们提供什么？

低温医学属于一门交叉性科学，分低温外科和低温保存两部分。在低温外科学中，医生可以将低至 −196 ℃的低温试剂喷洒在病人的病变部位，使病变组织在超低温的冷冻下死亡。在皮肤科疾病中，瘤子、黑痣、雀斑等常见的疾病，可以利用低温冷冻的方法进行治疗，既简单方便，又不会留疤痕，病人无明显的疼痛感。

冷疗在古希腊就已被实践。19 世纪末法国医生曾在战场上将伤员的肢体埋在冰雪里，待局部失去知觉后再进行截肢手术。从 19 世纪 70 年代开始，许多国家利用冷冻技术治疗外科、皮肤科、泌尿科、妇科、耳鼻喉科等良性肿瘤，后来用于治疗恶性鳞状上皮细胞癌。20 世纪初，出现了液氮等低温液体，并逐渐应用于医疗。除了治疗浅表层的皮肤病和肿瘤外，随着低温冷冻消融设备的出现，低温外科又向体内深部发展，用以治疗早期肺癌、肝癌、胃癌、直肠癌等。低温治疗由于方法简便、设备简单、成本低、疗效好，受到患者的普遍欢迎，并在许多国家得到了迅速的推广和发展。

80 冷冻技术在哪些医疗领域得到应用？

冷冻技术在医疗领域应用广泛，包括器官移植、癌症治疗、生殖医学、干细胞研究等。

在器官移植手术中，应用于心脏、肾脏、肝脏、肺部等器官的短期或者长期低温保存，增加了移植手术的成功率，提高了器官的匹配和分配效率，拓宽了移植手术的可行性和范围。

在癌症治疗中，冷冻技术常被用于冷冻治疗（冷冻消融术）。这是一种介入性治疗方法，通过低温冻结和破坏癌细胞来治疗恶性肿瘤，适用于乳腺癌、前列腺癌、肾脏癌等。

在生殖医学领域，冷冻技术被广泛应用于保存精子、卵子和胚胎。这项技术使得不孕夫妇有机会延迟生育或在治疗期间保存生殖细胞，以备将来使用。胚胎冷冻也是试管婴儿技术中的重要步骤，使患者能够选择在适当的时机进行胚胎移植。

在干细胞研究和治疗中，科学家通过冷冻技术保存干细胞库，提供可持续和多样的干细胞来源，用于治疗各种疾病，如心脏病、神经退行性疾病、创伤等。

此外，冷冻技术还被用于保存和研究生物样本，为科学家提供可持续和多样的实验材料，用于基础研究、药物开发、疾病诊断和治疗等方面。

冷冻治疗

81 / 肿瘤的冷冻消融是怎么回事?

冷冻消融治疗肿瘤是利用穿刺针到达肿瘤部位,迅速降低局部温度,维持一段时间后,再让肿瘤组织快速复温,这种剧烈的温差可以使肿瘤细胞遭到破坏,从而达到治疗的目的。

冷冻导致生物细胞死亡的机制是多种因素综合作用的结果。冷冻消融治疗肿瘤还可以使患者身体免疫功能较治疗前有明显的改善,显著提高远期生存率。细胞在冷冻消融过程中的致死率受最低温度、结冰温度、冷冻时间、冷冻速度等因素的影响。不同组织细胞的耐冰冻性有很大差异,与组织细胞的含水量有密切关系。

冷冻消融治疗属于物理治疗,能彻底摧毁肿瘤,治疗效果确切,一般不导致肿瘤细胞扩散。此类治疗具有微创、无痛苦、恢复快、不损伤正常组织的特点,并且治疗费用相对低、住院时间短,是一种安全、有效的肿瘤治疗方法。但冷冻消融治疗并不适合所有肿瘤患者,应在医生的指导下评估病情,再选择合适的治疗方式。

82 什么是冻伤？如何预防？

冻伤是人体在极端低温环境下暴露时间过久，或暴露于湿度较大的低温环境下导致细胞和组织的损伤。常见的冻伤包括表皮冻伤和深层组织冻伤两种。

高寒地区、高风速、潮湿、局部血液循环不畅、长期暴露、疲劳都会增加冻伤风险，严重者会出现冻疮和坏死，因此有必要积极预防。容易受到冻伤影响的人群包括长时间处在寒冷环境的人和在高寒地区户外运动的人等。

预防冻伤的方法有：①由于局部冻伤开始时可能只有麻木等感觉，因此必须密切观察易冻伤的部位。比如多人一起外出，可以定时观察对方的脸、耳朵、手脚、鼻子等易于冻伤的部位，检查是否出现白色斑点；②使用围巾等棉织物包裹易冻伤部位，袖口和裤子口扎紧，不要长时间坐在雪地上休息；③多做面部肌肉运动，例如皱眉、挤压、噘嘴等，并用手摩擦面部、耳朵、鼻子等部位，并且一定要穿戴适当防护和避免长时间暴露；④多摄入高热量和富含维生素的食物，提高机体的抗寒能力。

83 如何预防及快速处理低温综合征？

2021 年 5 月 22 日，甘肃一山地马拉松越野赛遭遇极端天气，21 人失温遇难！临床上，人体低温征定义为深部体温低于 35 ℃，常分为原发性和继发性。原发性低温征即寒冷环境引起的体温下降。寒冷会刺激体温调节中枢，通过兴奋交感神经，使体表血管收缩来保温。还会通过运动神经增加肌肉张力和抖动来产生热量，比如打寒战。低温会降低人体内酶的活性，使外周血管扩张。早期可引起心率加快、心排血量增加、平均动脉压增高。后期表现为心肌收缩力降低，有效血容量降低、心排血量降低，组织灌注不足。

在临床表现方面，低温患者在遭遇寒冷的早期，有头痛、不安、四肢肌肉和关节僵硬、心率呼吸增快、血压升高等表现。当体温持续下降，患者会出现嗜睡或精神错乱。体温低于 32 ℃时，患者心率、呼吸减慢，出现幻觉，进一步至昏迷。

如果不幸遇到人体低温，有如下处理方法：①迅速脱离寒冷环境。脱掉湿冷衣服，用毛毯或被褥包裹身体，最好让患者利用自身产生的热量自行缓慢、逐渐地加温；②如果生命体征消失，需积极进行心肺复苏；③吸氧、补液、升温；④切记，不要忘记给 120 打电话呼救！

84 胚胎冷冻技术的优点是什么？

根据中国人口协会、国家卫生健康委 2023 年发布的数据，目前我国不孕不育率达 12%~15%，大多借助试管婴儿的方法解决生育问题。试管婴儿是用人工方法让卵子和精子在体外受精并进行早期胚胎发育，然后移植到母体子宫内发育而诞生婴儿的一项技术。

胚胎冷冻有以下几个优点。①增加怀孕概率。通过冷冻多个优质胚胎，可以增加试管婴儿的成功率。②避免多胎妊娠。通过冷冻剩余的胚胎，可以避免多个胚胎同时移植导致多胎妊娠的风险。③节省时间和金钱。对于需要多次尝试试管婴儿的夫妇，可以使用之前冷冻的胚胎，而且节省时间和金钱。④保护胚胎品质。胚胎在冷冻过程中处于休眠状态，可以保护其品质，让他们在未来被使用时仍然具有较高的成活率。

随着试管婴儿技术的发展，胚胎冷冻技术越来越成熟，冷冻胚胎移植后的妊娠率也和新鲜胚胎移植妊娠率相同，因此对于获得胚胎较多或者需要保存生育力的患者，胚胎冻存都是很好的选择。

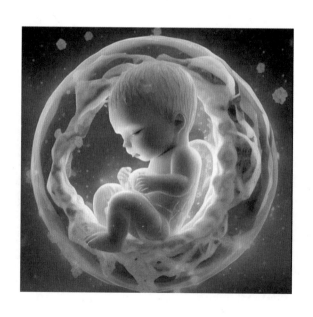

85 / 生育力可以保存吗？

人类的生育力水平会随着机体的衰老而逐渐丧失。生育力保存是通过冷冻保存生殖细胞和组织（包括男性的精子、精原干细胞、睾丸组织，女性的卵子或卵巢组织），以期预防未来生育风险，并借助辅助生殖技术最终达到生育力保存的目的。

精子冷冻技术经过八十余年的发展已相当成熟，精子加入保护剂中，经过降温后放入液氮（−196 ℃）冷冻起来，可以长期保存。需要使用的时候，将储存精子的样品管解冻即可。

卵子冷冻主要针对以下情况：因染色体、自身免疫疾病、感染、肿瘤等因素导致卵巢早衰的女性；因肿瘤进行全身较大剂量放化疗前的女性；严重的、复发的卵巢囊肿进行多次外科治疗导致卵巢破坏的女性。目前我国法律不支持单身女性冷冻卵子，只限于治疗目的的卵子冷冻。

对于 35 岁以下女性癌症患者，如果她还没有生育，也可以考虑在放化疗前进行卵巢组织冻存。待患者康复后可将卵巢片植回人体，开展后续的辅助生殖。

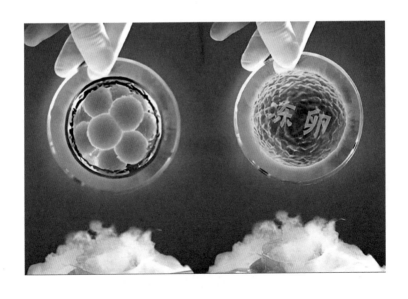

86/为什么需要冷冻保存人体器官？

　　冷冻保存技术，在医学领域扮演着关键角色，尤其是针对某些类型的供体器官，如肾脏，能够在低温条件下得以妥善保存，建立起珍贵的器官储备库，及时响应等待移植病患的需求，有效缓解器官供需紧张的现状。

　　这一技术跨越地理限制，使得器官能够在全球范围内的医疗机构间转运与存储，极大地扩展了器官移植的地理范畴与可获得性，优化了器官与患者的匹配度。同时，它为医疗团队争取了宝贵时间，加上随后精密的配型工作与术前准备，显著提升了手术成功率及患者术后的生存质量。

　　冷冻保存技术的运用不仅仅局限于移植手术，它同样是医学研究领域的宝贵资源。通过研究这些冷冻保存的器官，科研人员能够深入探索器官发育的秘密、疾病的发病机制以及药物反应特性，为医学科学发展铺设基石。

　　因此，构建一套完善且先进的冷冻保存设施体系，配以严谨的操作规程与管理体系，是相关医疗机构的责任所在，以确保器官保存过程中的质量和安全性，为患者提供最安全、最信赖的治疗选择。

87/金鱼冷冻后能复活吗？

冷冻人体是否能够复活一直以来是一个备受关注的问题。有段时间，网上热传的冷冻鱼复活视频又重新引起了人们对活体冷冻复活问题的热议。

实验证明，将金鱼放入液氮 (−196 ℃) 中分别进行 10 s、15 s 和 20 s 冷冻后，取出再放入 35 ℃的温水中复温 5 s、88 s 和 146 s 后，金鱼开始复活，可以在水中自由游动。但在冷冻超过 25 s 后，金鱼在温水中再无复活迹象。而且，那些冷冻后在温水中复温又复活的金鱼，三天以内全部死亡，这说明金鱼一旦经过快速冷冻，无论时间长短，其机体都受到了不可逆损伤，这些损伤无法在后期的养殖过程中修复。

生命体 (包括人体) 的冷冻及复活是一个严肃而又严谨的科学问题，受生物体种类、结构、形体大小以及生物体对低温损伤耐受力等多种因素的综合影响。不能单凭一次偶然或简单的实验结果来对其有效性下结论。

88 保存疫苗有哪些注意要点？

疫苗拥有守护健康的巨大力量，却也非常"娇气"，需要在特定的环境下才能保持效力。疫苗保存主要有如下要点：

（1）温度控制：大多数疫苗需要在 2~8 ℃冷藏条件下保存以保持活性。

（2）冷链管理：在从生产到接种的全过程中确保疫苗始终处于适宜的温度环境中。

（3）冷藏设备：冷藏设备是疫苗的"家"。它们必须能够稳定地维持低温，避免温度波动对疫苗造成损害。须定期校准和维护，保证设备的精准和可靠。

（4）运输容器：在疫苗运送过程中，运输容器扮演着重要角色。其内含冷冻剂或冷藏剂，确保疫苗在运输过程中的温度稳定。

（5）监测和记录：监测和记录是保证疫苗安全的双重保险。通过温度记录器等设备实时监控疫苗的温度，确保它们在整个保存和运输过程中都处于最佳状态。

89 / 如何避免冷冻过度，造成药品质量损失？

温度对药品的性能和品质有重要影响。以下是一些避免药品因冷冻过度而损失品质的实用方法：

（1）精确控制温度：使用先进的制冷设备和温度控制系统实现智能温控。

（2）了解药品要求：每种药品都有它的存储说明书，详细了解并遵循这些要求。

（3）合适的包装材料：选择保温性能良好的包装材料，就像是给药品加上一件外套，防止温度波动和冷冻过度。

（4）优化运输：选择合适的运输方式和路线，减少药品在运输过程中暴露于极端温度的风险。

（5）员工培训和温度记录：确保培训员工能正确操作温度控制设备，实施温度监测和记录，及时发现潜在问题，就像是为药品配备了一个"健康监护团队"。

通过这些方法，不仅能有效避免药品因冷冻过度而损失品质，还能确保药品在整个供应链中的安全和有效性，让它们安全地抵达需要它们的每一个人手中。

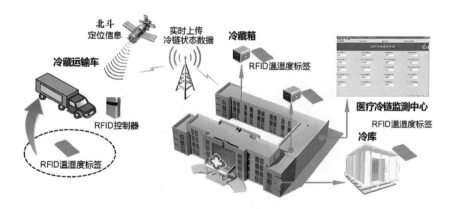

90 为何细胞组织被 -196 ℃冷冻后复温还能复苏?

这个问题涉及生物学和环境温度对生物的影响。

细胞和组织在液氮中冷冻的原理:液氮的温度非常低,可以迅速降低细胞和组织的新陈代谢,使其进入休眠状态,从而防止细胞死亡。当细胞或组织按一定的工艺流程移至室温下时,细胞和组织开始恢复其功能。

恒温小动物,如大多数哺乳动物的体温通常维持在36.5~37.5 ℃之间,当环境温度降至 -10 ℃以下时,部分小型或缺乏足够保温机制的动物可能无法有效保持体温,导致身体内部器官和细胞受到严重低温损害,超出了它们常规的体温调节能力范围。此外,寒冷的环境导致身体的新陈代谢率降低,使能量供应不足。

生物体是一个整体,其生命活动是相互关联的,而冷冻后的细胞或组织是一个个孤立的单位,只需要考虑自身的复温过程。此外,动物的身体需要考虑许多其他因素,如血液循环、氧气供应等。

总体而言,小动物在 -10 ℃室外冻死是因为这种低温超出了它们的体温调节能力,而细胞或组织保存在 -196 ℃的液氮里复温后还能活主要是因为它们被迅速移至室温下,液氮蒸发后细胞和组织开始恢复其功能。两者情况有本质的区别。

六 换热器篇

01/ 制冷空调系统中的换热器是什么？

　　换热器是制冷空调系统的核心组件之一，其作用是在制冷循环中传递热量，实现室内与室外热量的交换，其设计和性能直接影响着整个系统的运行效率和能效表现。

　　不同形式的换热器（如盘管、片状、盒式等）都旨在增大表面积，以便更有效地与周围空气进行热交换。内部通道结构设计精细，制冷剂通过这些通道流动，与外部空气进行热量交换，从而实现制冷效果。

　　换热器通常由金属材料（如铜或铝）制成，这些材料具有良好的导热性和耐腐蚀性，能够有效传递热量并抵抗制冷剂的腐蚀。除了传统金属换热器，现代技术也正在探索新型换热器的设计，如微型换热器等，以提高系统的能效比、减小体积和质量。同时，一些智能化的换热器也正在兴起，能够根据需求自动调节换热效率，提高系统的智能化水平和节能性能。

　　在选择和设计换热器时，需要充分考虑各种因素，以确保系统能够高效稳定地运行，实现室内舒适度和能源节约的双重目标。

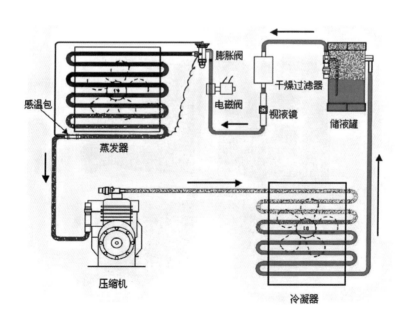

膨胀阀

干燥过滤器

电磁阀

视液镜

储液罐

感温包

蒸发器

压缩机

冷凝器

92 制冷空调系统中的换热器分为哪些类型？

制冷空调系统中常见的换热器类型按其用途分为蒸发器、冷凝器、散热器和换气热交换器等。

（1）蒸发器通常安装在室内机内部，与室内空气进行热交换。其主要作用是吸收室内空气中的热量，并将制冷剂从液态转化为气态。该过程中制冷剂吸收室内热量，使得室内空气降温。

（2）冷凝器通常安装在室外机内部，通过与室外空气或水进行热交换，实现散热和冷却。其主要作用是释放制冷剂的热量，并将其从气态转化为液态。在冷凝器中，制冷剂会释放热量到室外环境，使得热量能够有效地排放出去。

（3）散热器通常用于汽车发动机冷却系统或电子设备散热系统。它通过将热量传递给周围环境，实现热量的散热和降温。散热器在制冷空调系统中的作用是帮助系统散热，保持其正常运行温度，防止过热而造成故障。

（4）换气热交换器能够在新风与排风之间实现热量交换，从而提高能源利用效率。通过换气热交换器，室内空气中的热量可以传递给新鲜的进风空气，在满足室内空气质量要求的同时，减少能量浪费。

93 / 制冷空调换热器中有几种金属材料?

　　换热器常用的金属材料包括铜和铝。铜的导热性能出色，耐腐蚀，尤其适用于对耐腐蚀性要求较高的制冷系统。因此，铜常被视为换热器的首选材料，其优异的性能不仅保障了设备的高效运行，也延长了设备的使用寿命，为工业生产和能源利用提供了可靠的支持。铝具有轻质、良好的导热性和良好的耐腐蚀性等优点，适合用于制冷系统中制造轻量化的换热器，且成本相对较低。

　　除了铜和铝外，钢铁等金属材料也可以在某些特定情况下用于换热器制造。随着科技的进步和新材料的开发，未来可能会出现新材料换热器。例如，新型合金材料、纳米材料等都可能会在提高传热效率和减小设备尺寸方面发挥重要作用。

　　换热器选择何种材料取决于具体的使用环境、传热要求和预算等因素，综合考虑材料的性能、成本和可靠性等因素，选择合适的材料以满足不同领域对换热器性能和效率的要求。

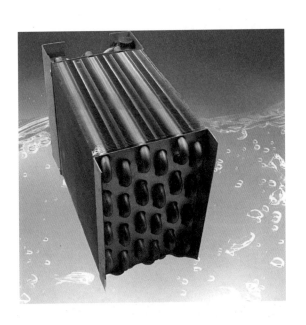

94 如何提高制冷空调中换热器的效率?

换热器的效率是指在传热过程中传递热量的有效性。换热器的效率通常取决于其设计和运行条件,高效的换热器能够更有效地传递热量,实现预期的热交换效果。要提高换热器的效率,可以采取多种措施:

(1) 增大换热器的表面积:更大的表面积意味着更多的热量交换。具体可以通过增加管子数量、采用鳍片管设计或者使用更加复杂的板式换热器等方式来实现。

(2) 选择合适的材料:对于不同的工作环境和传热要求,选择合适的金属材料可以最大程度地发挥换热器的性能,从而提高效率并延长使用寿命。

(3) 优化结构设计:增加散热片或者采用增强换热技术,如鳍片管设计。

(4) 定期维护和清洁:确保通道畅通,并保持换热器周围的空间充足,可以防止污垢和堵塞对换热效率的影响,延长换热器的使用寿命。

综合利用上述方法,可显著提高换热器的效率,降低能耗。

95 制冷空调中换热器如何抵抗制冷剂腐蚀?

　　制冷剂的腐蚀是换热器使用过程中需要面对的一个问题，如果不加以处理，可能会导致换热器受损，影响其使用寿命和性能。为了抵抗制冷剂的腐蚀，可以采用以下几种方法：

　　（1）在设计和制造换热器时，应选择具有较高耐腐蚀性能的材料（如铜或不锈钢）。

　　（2）对换热器的材料进行表面处理，在材料表面形成一层保护膜，如电镀、喷涂或阳极氧化等，以增强其耐腐蚀性。

　　（3）在制冷系统中添加抗腐蚀剂，形成一层保护膜，可以减少制冷剂对换热器的腐蚀。选择环保的制冷剂（如碳氢化合物）也可以减少制冷剂对换热器的影响。

　　（4）定期检查和维护换热器是保护其免受腐蚀的关键。清除换热器内部的水垢和污垢可以减少腐蚀的发生，应注意保持换热器周围的环境清洁，避免污染物对换热器的腐蚀。

　　（5）加强换热器的运行管理和维护，及时发现和处理问题，可以防止腐蚀导致的换热器失效。定期监测和记录换热器的工作状态、腐蚀情况，以便进行及时的维护和修复。

96 为什么换热器表面需要特殊处理？

对换热器表面进行特殊处理可提高其性能和耐用性。

（1）表面处理可以增强材料的耐腐蚀性：在工业生产中，换热器往往需要接触各种腐蚀性介质，如酸碱溶液、盐水等。通过表面处理可形成保护膜，有效防止介质对金属材料的侵蚀，延长换热器的使用寿命。

（2）表面处理可以提高材料的耐磨性和导热性：对于在高温高压环境下运行的换热器，表面经过特殊处理可以增加材料的硬度和耐磨性，减少磨损和疲劳，还可以改善材料的导热性能，降低能源消耗，减少生产成本。

（3）表面处理可以提高材料的抗压强度和抗拉强度：增强换热器的整体耐久性和可靠性。在高压工况下，经过特殊处理的表面可减少变形和损坏的风险，确保设备的安全运行。

总的来说，通过对换热器表面进行特殊处理，可以提高其耐腐蚀性、耐磨性、导热性，增强整体的耐久性和可靠性，降低维护成本，延长使用寿命，提高换热系统的效率和性能。

97 维护保养换热器时需要注意哪些事项?

换热器的维护保养对于确保其性能稳定和延长使用寿命非常重要。在进行维护保养时，需要注意以下几点：

（1）定期清洁：由于附着的污垢、水垢和杂物会影响换热器的热传递效率，定期清洁可以保持换热器表面的清洁，避免热传递效率的下降，延长设备的使用寿命。

（2）检查密封件的完好性：在维护保养时需要定期检查密封件的情况，防止泄漏，及时更换老化或损坏的密封件，以确保系统的安全运行。

（3）水系统的水质管理：对水冷却系统进行定期的水质测试和处理，防止水质问题引起的换热器腐蚀、结垢等问题。

（4）防腐蚀处理：针对易受腐蚀的部件，需要采取预防措施，如表面处理、添加抗腐蚀剂等，以延长部件的使用寿命。

（5）定期清洗管道：定期清洗管道以保证流体通道的畅通，避免管道堵塞影响流体的正常循环和设备故障风险。

综上所述，只有全面而细致地进行维护保养，才能延长换热器使用寿命，提高生产效率，降低维修成本。

98 / 蒸发器在制冷空调系统中的作用？

蒸发器在制冷空调系统中扮演着至关重要的角色，它是制冷系统的关键组件之一，位于室内部分。蒸发器的主要任务是吸收室内热量，将制冷剂转变为蒸气状态，从而实现降温效果。具体来说，蒸发器在制冷空调系统中的作用有以下几个方面：

（1）吸收室内热量：蒸发器通过制冷剂与室内热空气接触，吸收室内热量，从而达到降温的效果。

（2）实现制冷循环：蒸发器是制冷循环的起始点，它将制冷剂从液态转变为气态，随后通过压缩机将低压低温的制冷剂压缩成高压高温的气体，然后送往冷凝器进行散热，最终形成制冷循环。

（3）提高空气质量：蒸发器在吸收热量的同时，也能对空气进行一定程度的除湿处理，从而改善室内的舒适度。

总的来说，蒸发器的正常运行和有效性直接影响着制冷系统的性能和能耗。

99 / 冷凝器在制冷空调系统中的作用?

　　冷凝器位于制冷系统的室外部分。其主要任务是将气态制冷剂冷却并转化为液体状态，向室外环境释放热量，确保制冷循环的正常运行。具体来说，冷凝器在制冷空调系统中的作用有以下几个方面：

　　（1）冷却制冷剂：冷凝器通过与外部空气进行换热，将气态制冷剂冷却成为高压高温的液态制冷剂。

　　（2）转化制冷剂状态：在冷凝器中，制冷剂从气态转化为液态，从而在进入节流元件后通过节流效应产生温度更低的气液两相状态，为蒸发吸热做好准备。

　　（3）释放热量：冷凝器通过冷却气态制冷剂，将吸收的热量释放到室外环境中，维持制冷系统内部的热平衡。

　　总的来说，冷凝器在制冷空调系统中扮演着关键的角色，是制冷循环中至关重要的组件之一。

100/ 换热器的结构和尺寸是如何影响制冷效能的?

换热器结构和尺寸对制冷系统的效能影响显著。一个结构合理、尺寸适当的换热器可以提高热交换效率,从而改善整个制冷系统的性能和能效。

首先,换热器的结构设计对于热能的传递能力至关重要。良好设计的换热器能够最大限度地增加热交换表面积,降低传热阻力,从而实现热量的高效传递。

其次,换热器尺寸的选择也是影响制冷系统效能的重要因素之一。正确选择换热器的尺寸可以确保系统在运行时达到最佳工作状态,避免能量浪费和效率降低。

最后,合理的结构设计和尺寸选择,可以降低系统组件的磨损程度,延长设备的寿命,降低能量浪费,减少维修和更换成本。